수와 논리로
세상을 풀다

※ 위대한 수학자 12인의 이야기 ※

수와 논리로
세상을 풀다

강문봉 · 김정하 지음

지금까지 수학을 가르치면서 "수학은 누가 만들었어요?"라는 질문을 많이 받았습니다. 누가 수학을 만들었는지 진정으로 궁금해서 하는 질문은 아닌 것 같았습니다. 도대체 누가 수학을 만들어서 나를 이렇게 귀찮게 하는지, 또는 나를 이렇게 힘들게 하는지 등의 원망이 섞인 질문이었지요.

학생들에게 "그러면, 우리를 귀찮고 힘들게 하는 수학이니까 없애버리면 어떨까?"라고 되물어봅니다. 이 세상에서 모든 수와 수학을 제거해 버린다면 과연 우리가 편안해지고 행복해질 것인가 묻는 것입니다. 여러분의 답은 무엇인가요? 수학이 없는 세상을 상상할 수 있나요? 학생들에게서는 오히려 더 많은 질문이 나왔습니다.

"아주 불편해질 것 같아요." "원시시대로 돌아갈 것 같아요." "컴퓨터나 스마트폰, 태블릿은 어떻게 되는 건가요?" "은행에 있는 제 계좌는 어떻게 되지요?" "자동차나 전철, 기차 등은 지금과 같이 운행될 수 있는 건가요?"

이렇게 우리 일상을 편리하게 만들어주는 데 수학이 얼마나 많이 사용되고 있는지를 안다면 오히려 수학에 고마움을 느끼게 됩니다.

이 책은 수학의 발전에 큰 역할을 한 수학자들을 중심으로, 수학의 역사에서 중요한 순간들을 다룹니다. 수학의 역사는 인류의 역사와 함께 시작되었다고 할 만큼 오래되었습니다. 평면도형을 논리적 증명으로 분명하게 하고자 했던 탈레스부터, 현대의 AI를 상상해 냈던 앨런 튜링에 이르기까지…. 수학자들은 자신이, 더 나아가 인류가 필요로 하는 것을 파악하여 또는 필요로 할 것을 예상하여 수학을 발전시켰습니다.

다른 여러 학문의 연구자들과 마찬가지로, 수학자들도 단번에 모든 답을 찾아낸 것은 아닙니다. 매우 유명한 수학자인데도 지금 우리가 당연하게 알고 있는 이론을 모르거나, 부정하기도 하지요. 이 책을 읽으며 지금 우리가 학교에서 배우는 하나의 증명을 위해 얼마나 많은 수학자가 노력했는지 느끼고, 상상해 보세요. 앞선 연구자들이 정리한 지식을 익히는 것에서 나아가 새로운 것을 밝혀내고, 만들어내는 데 얼마나 큰 노력이 드는지 알 수 있을 것입니다.

수학은 우리를 새로운 세계로 이끌어 주며, 보다 편리하고 발전한 세상을 만들어 가게 해 줍니다. 특히 우리 주위의 수많은 전자기기는 우리 일상과 매우 밀접하게 닿아 있는 수학의 결과물이랍니다. 아마 미래에는 지금보다도 더 수학이 우리의 삶에 더 큰 영향을 주고 있겠지요?

수학이 발전하는 데 큰 공헌을 한 수학자들은 어떤 삶을 살았을까요? 그들은 왜 그토록 수학을 연구한 것일까요? 수학자들의 삶을 중심으로 수학이 어떻게 발전해 왔는지 보고, 이제는 우리가 수학의 다음 장을 만들어가고 있다는 것을 기억해 주세요. 혹시 지금까지 수학이 단순히 공식을 외워서 어렵고 복잡한 문제를 푸는 과목이라고만 생각해 왔다면, 이 책을 읽고 수학이라는 학문을 더 깊이 이해하고 흥미를 느끼기를 바랍니다.

강문봉, 김정하

· 차례 ·

들어가며 · 4

1 탈레스 | 기하학의 창시자 | · 9
Thales of Miletus
B.C.624?~B.C.548?

2 피타고라스 | 피타고라스의 정리 | · 023
Pythagoras of Samos
B.C.570~B.C.495

3 아폴로니우스 | 원뿔곡선을 정리하다 | · 037
Apollonius of Perga
B.C.262~B.C.190

4 디오판토스 | 수학에서 기호를 사용하다 | · 049
Diophantus of Alexandria
200(214?)~298(330?)

5 알 콰리즈미 | '대수학' 명칭의 기원이 된 수학자 | · 061
Mohammed ibn Musa al-Khwarizmi
780?~850?

6 피보나치 | 피보나치 수열 | · 073
Leonardo Fibonacci
1170?~1250?

7 **카르다노** | 3차 방정식의 공식을 증명한 이탈리아의 천재 | • 087
Girolamo Cardano
1501~1576

8 **비에트** | 미지수를 알파벳으로 나타내다 | • 099
Francois Viete
1540~1603

9 **오일러** | 수학자들의 영웅 | • 111
Leonhard Euler
1707~1783

10 **리만** | 비유클리드 기하학으로 통념을 뒤집다 | • 131
Georg Friedrich Bernhard Riemann
1826~1866

11 **칸토어** | 집합론을 창시하고 무한을 연구하다 | • 145
Georg Ferdinand Ludwig Philipp Cantor
1845~1918

12 **앨런 튜링** | 계산 기계를 만들어 컴퓨터 과학의 시대를 열다 | • 159
Alan Mathison Turing
1912~1954

참고문헌 • 170
색인 • 172

· **일러두기**

주석의 수학 용어 정의는 국립국어원의 《표준국어대사전》을 참고하여 작성하였습니다.

1

탈레스

Thales of Miletus

기하학의 창시자

B.C.624?~B.C.548?

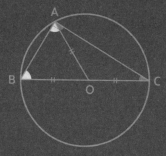

| 수학과 과학에 관심이 많았던 청년 무역가

탈레스는 기원전 624년경에 게해 건너 그리스의 작은 도시 이오니아의 밀레투스(오늘날 튀르키예에 있다)에서 태어났다. 그의 출생과 사망이 언제인지는 명확하지 않다. 고대 그리스의 역사가 헤로도토스Herodotos는 탈레스가 페니키아 혈통이었다고 말한다.

기원전 5세기 고대 그리스의 지도. 밀레투스는 아나톨리아 반도 서부에 위치한 항구 도시였다.

밀레투스는 지중해 연안의 여러 국가와 인도 등을 연결하는 항구 도시였다. 항구 도시는 무역이나 상업이 발달하기 마련인데, 탈레스 역시 젊은 시절 무역으로 많은 돈을 벌었다. 탈레스는 그렇게 축적한 부로 훗날 이오니아에 학교를 설립했다.

탈레스는 고대 학문의 중심지라고 불릴 정도로 수학과 과학이 발달한 이집

● **이오니아 학파**

기원전 6세기부터 기원전 5세기에 걸쳐 이오니아의 밀레투스를 중심으로 활동한 학파이다. 탈레스, 아낙시만드로스 등 여러 유명한 철학자들이 속해 있었다. 그들은 이오니아에서 활동했다는 공통점이 있었지만 각자 주장은 다양했다.

기하학의 창시자

트와 바빌로니아에 큰 관심을 가지고 있었다. 그는 이집트에서는 기하학을 배웠고, 바빌로니아에서는 천문에 대한 기록과 기구를 접했다.

| 자연현상을 관찰하고 논리적으로 설명하다

탈레스는 기원전 590년경에 밀레투스로 돌아와 과학, 천문학, 수학, 과학 등을 가르쳤다. 당시 사람들은 많은 자연현상을 신화로 설명했다. 탈레스는 자연을 관찰하고 그 안에서 규칙을 발견하려고 했다. 탈레스는 "만물은 물이다"라고 주장하였는데, 이것은 자연의 근본 원리를 신화로 설명하지 않고 물로 설명하려는 독창적인 생각이었다.

자연을 관찰하는 탈레스에 관한 일화는 아리스토텔레스의 저서에서 전해지고 있다. 지중해 연안에 가뭄이 계속될 때였다. 가뭄으로 올리브가 생산되지 않자, 사람들은 올리브유를 짜는 압착기가 필요 없다고 생각하기 시작했다. 그때 탈레스는 올리브유 압착기를 싼값에 사들였다. 곧 풍년이 올 것을 과학적으로 예측했기 때문이다. 실제로 그다음 해에는 큰 풍년이 들었고, 집집마다 올리브유를 짜기 위해 압착기가 필요하자 탈레스는 미리 구입해 두었던 압착기를 비싸게 빌려주어 큰돈을 벌었다. 사람들이 철학이나 수학을 하는 것이 아무 쓸모가 없다고 비판을 하자, 자연 철학이나 수학을 하는 사람들은 자연 현상을 이해하기 때문에 마음만 먹으면 큰돈을 벌 수 있다는 것을 탈레스가 직접 보여준 것이다.

| 해가 사라질 것을 예측하다

탈레스는 이집트와 바빌로니아를 여행하면서
천문학에 관한 책을 구하고 이를 밤낮을 가리지
않고 연구하였다. 그리고 그는 하늘을 관찰하고
기원전 585년 5월 28일에 일식이 일어날 것을 예
측했다. 탈레스가 예측했던 일식이 실제로 일어
나자 리디아인들과 메디아인들이 깜짝 놀라 전
투를 멈추었다고 한다. 이에 대한 이야기는 역사
가인 헤로도토스가 그의 저서에서 전하고 있다.

일식. 달이 태양의 일부 또는
전부를 가리는 현상.

| 논증기하를 창시하다

● 그리스 7현인

기원전 7세기에서 6세기에 걸쳐 살
았던 고대 그리스인 중 영리하다고
손꼽은 인물들이다. 의견은 분분하
나, 밀레투스의 탈레스, 아테네의 솔
론, 프리에네의 비아스, 미틸레네의
피타코스 네 사람은 빠지지 않고, 탈
레스는 그 중 첫 번째로 인정된다.

탈레스는 최초로 논증수학의 기초를
세운 것으로 알려져 있다. '논증기하'란
정리가 참인지, 거짓인지를 경험이 아
닌 증명•을 통해서 밝히는 기하학이다.
당시 최고 수준을 자랑하던 이집트나
바빌로니아의 수학이 더 이상 발달하지

●　　증명: 어떤 정리나 공리로부터 추론에 의하여 다른 명제의 옳고 그름을 밝힘.

기하학의 창시자

못한 반면, 그리스 수학이 현대 수학의 토대가 된 것은 모든 현상을 '왜' 그러한지 논리적으로 설명하려고 했던 탈레스 덕분이다.

탈레스가 증명한 여러 정리는 탈레스가 처음 발견한 것은 아니다. 이전부터 사람들이 알고 있었던 사실이고, 간단한 실험을 통해서도 쉽게 참이라는 것을 확인할 수 있는 것이었다. 다만 탈레스는 이 정리들을 '증명'했다는 점에서 달랐다. 그렇게 탈레스는 '논증기하의 창시자' 또는 '그리스 수학의 시조'라고 불리게 되었다.

탈레스가 증명했다고 알려진 정리들은 다음과 같다.

> ① 원은 지름으로 이등분된다.
> ② 이등변삼각형의 두 밑각의 크기는 같다.
> ③ 맞꼭지각의 크기는 같다.
> ④ 반원의 원주각은 직각이다.

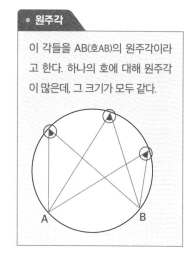

● 원주각

이 각들을 AB(호AB)의 원주각이라고 한다. 하나의 호에 대해 원주각이 많은데, 그 크기가 모두 같다.

이중 네 번째 정리, '반원의 원주각은 직각이다'를 탈레스의 정리라고 한다. 바빌로니아인들이 알고 있던 것인데, 탈레스가 이를 증명해냈다.

> ⑤ 삼각형의 세 각의 크기의 합이 두 직각과 같다.

이 정리는 초등학교 도형에서 매우 중요한 내용이다. 그리고 이 정리는 탈레스의 정리를 이용하여 증명할 수 있다. 직각삼각형에서 직각이 있는 꼭짓점(A)과 내접원의 중심(O)을 이으면 다음 그림처럼 두 개의 이등변삼각형(△OAB, △OAC)이 나온다. 선분 OB, 선분 OA, 선분 OC는 원의 반지름으로 그 길이가 같기 때문이다.

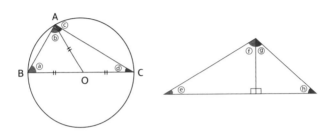

이등변삼각형의 두 밑각은 크기가 같으므로, ⓐ와 ⓑ의 크기가 같고, ⓒ와 ⓓ의 크기가 같다. ⓑ와 ⓒ 크기의 합이 직각(90°)이므로 나머지 ⓐ와 ⓓ 크기의 합도 직각이다. 결국 직각삼각형 세 각의 크기의 합은 ⓐ, ⓑ, ⓒ, ⓓ를 모두 합한 것과 같으므로 2직각(180°)이다.

어떤 삼각형이든 두 개의 직각삼각형으로 분할할 수 있다. ⓔ와 ⓕ의 합은 직각이고 ⓖ와 ⓗ의 합도 직각이다. 그러므로 삼각형의 세 각의 크기의 합은 두 직각과 같다는 것을 알 수 있다.

그 외에도 탈레스는 삼각형의 합동• 조건 일부와 닮음•• 조건 일부를 알고 있었다.

• 　합동: 두 개의 도형이 크기와 모양이 같아 서로 포개었을 때에 꼭 맞는 것.
•• 　닮음: 두 개의 기하학 도형이 각이나 길이의 비가 같음.

⑥ 두 변과 그 사이의 끼인각의 크기가 같으면 두 삼각형은 합동이고, 두 각이 같고 그 사이의 한 변의 길이가 같으면 두 삼각형은 합동이다.

(이는 우리가 중학교에서 학습하게 되는 삼각형의 합동조건 중 2가지이다.)

⑦ 두 삼각형에서 두 대응각의 크기가 같으면 두 삼각형은 닮음이다.

| 거대한 피라미드의 높이를 재다

탈레스가 이집트를 여행하고 있다는 사실을 안 이집트의 왕은 탈레스를 불러 기자에 있는 피라미드의 높이를 구해 줄 것을 요청했다. 탈레스가 높이를 구해야 하는 피라미드는 기자에 있던 세 개의 피라미드 중 가장 크고 오래된 피라미드로, 고대 7대 불가사의로

이집트 기자의 피라미드. 왼쪽이 쿠푸왕의 피라미드이다.

꼽힐 정도로 거대했으며 거의 손상되지 않은 상태였다. 이 피라미드는 이집트의 제4왕조 때 파라오인 쿠푸Khufu의 무덤으로, 무려 20년 동안 건설되었다고 한다.

피라미드의 높이를 구한다는 것은 피라미드 꼭대기부터 바닥까지 수직 거리를 잰다는 것인데, 당시에는 그 방법을 알지 못했다. 그러나 탈레스가 피라미드의 높이를 구하는 데 성공했다. 이집트 왕은 탈레스가 특별하지 않은 지팡이 하나로 어려움 없이 피라미드의 높이를 구하는 것을 보고 감탄했다.

탈레스는 피라미드의 높이를 어떻게 구했을까? 그는 길을 걷다가 자기 몸의 그림자를 보고 피라미드의 높이를 측정할 방법을 생각해 냈다고 한다. 자기의 그림자 길이가 자기 키만큼 길어졌을 때, 피라미드 그림자의 길이를 재면 그 길이가 피라미드의 높이와 같을 것이라고 생각한 것이다.

비례식을 이용하여 높이를 구했다는 이야기도 있다. 그렇다면 어떤 비례식을 세웠을지 생각해 보자.

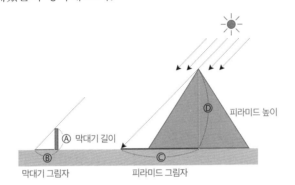

그림과 같이 막대기를 세웠다고 해 보자. 막대기의 길이는 Ⓐ, 막대기 그림자의 길이는 Ⓑ, 피라미드 그림자의 길이는 Ⓒ, 피라미드의 높이는 Ⓓ 이다. 그러면 다음과 같은 비례식을 세울 수 있다.

(막대기의 길이):(막대기 그림자의 길이)=(피라미드의 높이):(피라미드 그림자의 길이)

$$Ⓐ : Ⓑ = Ⓓ : Ⓒ$$

$$(피라미드 높이) = \frac{(피라미드 그림자 길이) \times (막대기 길이)}{(막대기 그림자 길이)}$$

기하학의 창시자

이 식에서 직접 잴 수 있는 Ⓐ, Ⓑ, Ⓒ를 측정하였더니 다음과 같았다.

막대기의 길이(Ⓐ)=1.63m

막대기의 그림자 길이(Ⓑ)=2m

피라미드의 그림자 길이(Ⓒ)=180m

×(곱하기)

$$1.63:2 = Ⓓ:180$$

양쪽 항을
2로 나눈다 $\quad$ 2Ⓓ = 293.4

Ⓓ = 146.7

이렇게 실제로 측정한 값을 비례식에 대입하고, 비례식을 풀면 피라미드의 높이(Ⓓ)를 알 수 있다.

두 가지 방법 중 탈레스가 어느 방법을 사용하였는지는 알 수 없다. 혹은 둘 다 사실이 아닐지도 모른다. 사실 매우 어려운 문제가 남아 있기 때문이다. 바로 "피라미드의 그림자 길이를 어떻게 재느냐" 하는 문제다. 피라미드의 그림자를 재려면 피라미드의 중심부에서 그림자 끝까지의 길이를 재야 하는데, 피라미드의 중심을 알 수 있는 방법이 없다. 그래서 이 문제는 '탈레스의 수수께끼'라는 이름으로 후대 수학자들에게 전해지기도 했다.

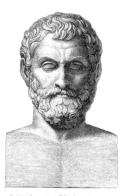

에르네스트 윌리스(Ernest Wallis)의 《그림으로 보는 세계사(Illustrerad Verldshistoria)(1875)》 1권에 수록된 탈레스의 삽화

| 배는 육지에서 얼마나 떨어져 있을까?

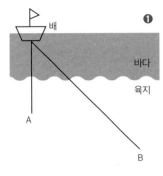

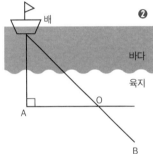

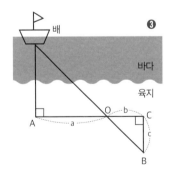

닮음을 이용해 거리를 구한 또 하나의 일화가 있다. 항해사들이 바다 위에 떠 있는 배에서 해안가까지의 거리를 구하는 데 탈레스에게 도움을 요청한 것이다.

탈레스는 다음과 같은 방법을 사용했다. (❶)배가 보이는 육지에 A와 B 두 지점을 정하고, 배에서 A와 B로 직선을 긋는다 (실제로 그을 수는 없지만, 상상할 수는 있다). (❷)배에서 A를 지나는 직선과 수직이 되는 직선을 긋는다. 이 직선과 배와 B를 연결하는 직선이 만나는 지점을 O라고 한다. (❸)점 B에서 직선 AO에 수직인 직선을 그어 만나는 점은 C라고 한다. 이제 그림의 a, b, c의 거리를 재고 직각삼각형에서의 닮음을 이용하면 A에서 배까지의 거리를 구할 수 있다.

| 탈레스의 영향

탈레스는 이집트와 바빌로니아를 여행하면서 적극적으로 배운 학문을 단지 어떻게 이용할 것인지 고민하는 데 그치지 않았다. 탈레스에게는 우리가 '무엇을 아는가'보다 우리가 그것을 '어떻게 아는가'가 중요했다. 그렇게 그는 학문을 실용적으로 이용하는 데 그치지 않고, '왜'를 생각하여 경험적 수학을 논증적 수학으로 바꾸었다. 이후 논증 수학은 피타고라스에 의해 계승되었다.

이집트와 바빌로니아의 수학은 주로 평면과 입체의 측정에 국한되어 있었다. 탈레스는 선의 기하학을 제안하고, 이를 일반적이고 추상적으로 다루어 여러 방면으로 응용할 수 있게 했다. 그는 '논리적 증명'이라는 개념을 처음 사용하였고, 바로 이러한 이유로 그는 수학의 위대한 창시자 중 한 사람으로 존경받게 되었다.

오늘날에는 탈레스가 없었다면 피타고라스가 없었을 것이고, 피타고라스가 없었다면 플라톤이 없었을 것이라고 평가한다.

1 같은 시간에 '내 그림자'와 '건물의 그림자' 길이를 재 보았다. 내 그림자의 길이가 60cm이
  고, 건물 그림자의 길이가 5m이면 건물의 실제 높이는 얼마일까? 나의 키는 150cm이다.

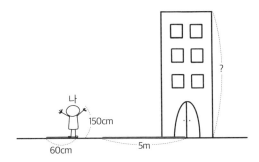

2 바다 건너 멀리 보이는 섬이 하나 있다. 육지에서 섬까지의 걸이를 알아보려고 한다. 다음
  그림을 참고하여 육지에서 섬까지의 거리는 얼마일까?

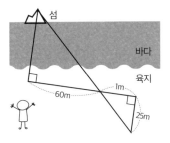

기하학의 창시자

1 같은 시간에 그림자의 길이를 재었으므로 다음과 같은 비례식을 만들 수 있다.

(나의 키) : (내 그림자의 길이) = (건물의 실제 높이) : (건물 그림자의 길이)

$150 : 60 = x : 5$

그러므로 $x=12.5$, 즉 건물의 높이는 12.5m이다.

2 두 삼각형은 직각삼각형이고 닮음이므로, 사람으로부터 섬까지의 거리를 x m라고 하면 다음과 같은 비례식을 만들 수 있다.

$x : 60 = 25 : 1$

그러므로 $x=1,500$, 즉 섬까지의 거리는 1,500m이다.

꾀부리는 당나귀의 주인

《이솝 우화》에는 〈꾀부리는 당나귀〉라는 이야기가 있다. 무거운 소금을 싣고 가는 당나귀가 개울을 건널 때마다 일부러 미끄러진 척 넘어져서 소금을 다 녹게 했다. 꾀를 부리는 당나귀에 화가 난 당나귀 주인은 하루는 당나귀에게 소금 대신 솜을 지게 했다. 당나귀는 짐이 바뀐 것을 모르고 평소처럼 개울에서 넘어졌는데, 솜은 물을 머금고 훨씬 무거워져서 혼이 났다. 이 이야기는 '제 꾀에 넘어간 어리석은 사람'에 대한 교훈을 준다. 그런데, 이 이야기에 등장하는 당나귀 주인이 바로 탈레스라고 한다.

기하학의 창시자

2

피타고라스

Pythagoras of Samos

피타고라스의 정리

B.C.570~B.C.495

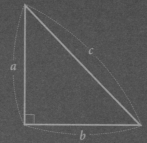

| 자유를 찾아 이탈리아로 떠난 신동

사모스 섬은 이오니아 문화의 중심지였다.

PYTHAGORAS

토마스 스탠리(Thomas Stanley)의 《철학의 역사(The history of philosophy)(1655)》에 수록된 피타고라스 삽화

피타고라스는 기원전 580년경 그리스의 사모스 섬에서 보석 세공사의 아들로 태어났다고 알려져 있다. 어렸을 때부터 신동으로 소문났던 피타고라스는 당시 최고의 수학자인 탈레스 밑에서 공부하였다. 이집트에서 20여 년간 지내면서 수학과 종교를 공부했는데, 페르시아가 이집트를 침략했을 때 바빌로니아에 포로로 잡혀가서 10여 년간 지냈다. 그는 포로로 잡혀가서도 바빌로니아의 점성술을 비롯해 많은 지식을 배웠다.

고향인 사모스로 돌아온 피타고라스는 학교를 세우고 학생들을 가르치며 연구하려고 했다. 그러나 당시 사모스는 불법적으로 권력을 잡은 참주들이 지배하고 있었고, 사모스의 사람들에게는 자유가 없었다. 피타고라스는 이러한 압제를 참고 견디는 것은 자유인이 할 일이 아니라고 생각하여 이탈리아의 크로톤(오늘날 크로토네)으로 건너갔다. 그는 그곳에서 당시 최고의 부자이면서 올림픽과 델포이 경기에서 열두 번이나 우승한 밀로Milo의 후원을 받아 피타고라스 학파를 설립하여 공동체 생활을 하였다.

| 피타고라스 학파

피타고라스는 많은 제자를 양성하였는데 그는 제자를 두 부류로 구분하였다. 한 부류는 수업만 듣고 토론에는 참석하지 않는 일반 학생이었고, 다른 한 부류는 수업과 토론에 참여하는 진정한 제자로서 그들을 '마테마티코이'•라 불렀다. 마테마티코이가 되려면 모든 재산을 헌납하고 간소한 생활, 엄격한 교리, 극기, 절제, 순결, 순종의 미덕을 지켜야 했다. 남녀평등의 원칙이 있어서 여자들도 학파에 들어갈 수 있었다. 이 학파의 상징은 별 모양의 5각형 배지였다. 정오각형에 대각선을 그으면 별이 만들어지고 그 안에 다시 조그만 정오각형이 생기

여성들을 가르치는 피타고라스를 묘사한 그림(1913). 고대 그리스 사회에서 일반적으로 여성, 노예, 외국인 등은 교육을 받을 수 없었으나, 피타고라스 학파에서는 여성도 교육받을 수 있었다.

• 마테마티코이(Mathematikoi)는 수학(Mathematics)이라는 말의 기원이 되었다.

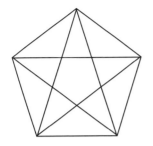

피타고라스 학파의 상징이었던 문양

는 사실이 매우 신비로웠을 것이다.

이 학파는 피타고라스를 신격화하는 종교 집단이었기 때문에 이 공동체에서 연구한 모든 것은 피타고라스의 이름으로만 발표할 수 있었다. 피타고라스 학파는 피타고라스가 죽은 후에도 꽤 오랫동안 유지되었고, 기원전 1세기부터 기원후 3세기에는 신피타고라스 학파가 대두되었다고 하니 그의 영향력이 매우 컸다는 것을 알 수 있다.

피타고라스는 몸이 죽어도 영혼은 죽지 않고 다른 동물로 들어간다고 믿었기 때문에 제자들에게 고기를 먹지 말고 채식하도록 하였다. 피타고라스 학파는 아주 엄격하고 독특한 계율을 가졌는데, 그중 첫째가 콩을 먹지 말라는 것이다. 이는 수를 세는 데에 콩을 사용하는 만큼 콩을 신성하게 여겼기 때문으로 생각된다. 어떤 사람들은 피타고라스가 콩 알러지가 있기 때문에 콩을 멀리했다고 주장하기도 한다.

피타고라스 학파는 비밀스러운 종교 집단이기는 했지만 학문적 연구도 많이 했다. 그중 대표적인 것이 도형수라고 부른 수의 규칙에 대한 연구와 화성학 연구, 그리고 피타고라스 정리의 증명이다.

| 여러 종류의 수를 발견하다

피타고라스는 완전수라는 수를 발견하였다. 완전수는 자신을 제외한 약수의 합이 자기 자신과 같게 되는 수이다. 예를 들어 6의 약수는 1, 2, 3, 6 인데, 이 중 6을 제외한 나머지 약수들의 합(1+2+3)이 6이 되기 때문에 6 은 완전수이다.

약수들의 합이 자신보다 큰 경우는 과잉수, 작은 경우는 부족수라고 하였다. 예를 들어, 20의 약수는 1, 2, 4, 5, 10, 20이다. 이 중 20을 제외한 약수의 합(1+2+4+5+10)은 22로, 20보다 크다. 즉, 20은 과잉수이다. 또한 10의 약수는 1, 2, 5, 10인데, 10을 제외한 약수의 합(1+2+5)은 8로 10보다 작다. 그러므로 10은 부족수이다.

피타고라스는 우애수라는 수도 발견하였다. 어느 한 수의 약수 중 자신이 아닌 모든 약수의 합이 다른 수와 같은 한 쌍의 수를 말한다. 예를 들면 220과 284가 우애수이다. 220의 약수 중 자신이 아닌 모든 약수의 합(1+2+4+5+10+11+20+22+44+55+110)이 284가 되고, 284의 약수 중 자신이 아닌 모든 약수의 합(1+2+4+71+142)이 220이 되기 때문이다. 피타고라스 이후 현재까지 많은 수학자들이 완전수와 우애수를 찾으려고 노력하였다는 것을 보면 피타고라스가 수학에 미친 영향을 짐작할 수 있다.

피타고라스는 수를 도형과 연결한 도형수를 연구하기도 하였다. 점으로 수를 나타낼 때 1, 3, 6, 10 등 정삼각형으로 배열할 수 있는 수들을 '삼각수', 1, 4, 9, 16 등 정사각형으로 배열할 수 있는 수들을 '사각수'라 불렀다. 오각수, 육각수도 마찬가지 원리다.

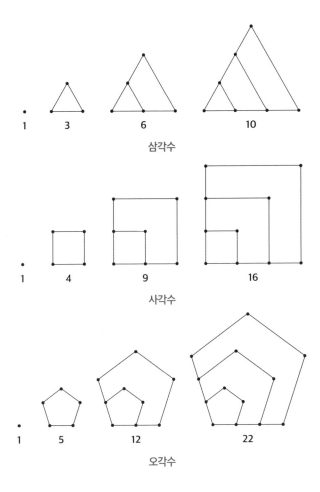

"세상 모든 것은 수"라고 생각했던 피타고라스가 수를 이렇게 나타내다 보니 흡사 콩을 깔아놓은 것과 같아 보여서 콩도 아주 신성한 것으로 여겼을 수도 있다.

피타고라스의 정리

| 음악에서 발견한 수학적 조화, 화성학

어느 날 대장간을 지나가던 피타고라스는 늘 시끄러운 소음으로만 들리던 대장간의 망치질 소리가 각기 다른 음을 내면서도 서로 조화롭게 어울린다는 생각을 했다. 그는 자신이 느낀 것이 무엇인지 궁금하여 대장간에 들어가 망치를 두드리기 시작했고, 망치의 무게에 따라 소리의 높낮이가 달라진다는 것을 알게 되었다.

또한 피타고라스는 하프를 연주하면서 하프 현 길이의 비가 간단한 자연수의 비가 될 때, 즉 현의 길이가 $1, \frac{2}{3}, \frac{1}{2}$ 이 될 때 나는 세 개의 음이 가장 잘 어울린다는 사실을 발견하였다.• 이 말은 진동수가 $1, \frac{3}{2}, 2$ 일 때 세 음이 조화를 이룬다는 것과 같다. 소리의 진동수는 현의 길이에 반비례하기 때문이다.

피타고라스는 두 음의 진동수가 2:1일 때 공명이 가장 잘 되기 때문에 이를 1옥타브 높은 같은 계명(음이름)으로 정하였다. 그리고 기준이 되는 기본음의 진동수에 $\frac{2}{3}$ 을 곱하고, 진동수가 기본음의 2배가 넘을 때는 2로 나누는($\frac{1}{2}$) 과정을 반복하여 여러 음을 정하고, 낮은 음부터 순서대로 '도, 레, 미, 파, 솔, 라, 시'와 같이 이름 붙였다. 이것이 바로 피타고라스 음계이다.

먼저, 기본음••을 정한다. 이것이 바로 '도'이다. 그리고 이 기본음의 길이 또는 진동수를 정한다. 우선은 1이라고 가정해보자.

• 　하프는 현의 길이에 따라 음의 높낮이가 달라진다.
•• 　오늘날에는 1834년 '라' 음의 진동수를 440Hz로 정한 것이 국제 기준이다.

기본음을 내는 현의 길이를 $\frac{2}{3}$으로 줄이면 진동수는 $\frac{3}{2}$가 된다. 이 두 번째 음에 '솔'이라는 이름을 붙였다고 해보자. 그런데 이어서 '솔'의 진동수를 $\frac{3}{2}$배가 되게 했더니 기본음 '도' 진동수의 2배가 넘었다.$(1 \times \frac{3}{2} \times \frac{3}{2} = \frac{9}{4} = 2\frac{1}{4})$ 그래서 그 진동수의 반$(\frac{1}{2})$을 택한다. 현의 길이를 2배로 한다는 것이다. 이때 나는 소리를 '레'라고 한다.

이제 '레'의 진동수의 $\frac{3}{2}$배 소리를 '라'라고 한다. 이런 식으로 계속해서 '미', '시', '파' 이름을 붙인다. 그런데 '파'의 진동수를 $\frac{3}{2}$배하면 거의 '도'의 두 배가 된다. 이는 한 옥타브 높은 '도'가 되는 것이므로, 더 이상 반복해서 새 음을 찾을 필요가 없다. 이제 이렇게 찾은 음을 낮은 것부터 순서대로 배열한다.

$$\text{도}(1) \xrightarrow{\times \frac{3}{2}} \text{솔}\left(\frac{3}{2}\right) \xrightarrow{\times \frac{3}{2} \div 2} \text{레}\left(\frac{9}{8}\right) \xrightarrow{\times \frac{3}{2}} \text{라}\left(\frac{27}{16}\right)$$

$$\text{라}\left(\frac{27}{16}\right) \xrightarrow{\times \frac{3}{2} \div 2} \text{미}\left(\frac{81}{64}\right)$$

$$\text{파}\left(\frac{729}{512}\right) \xleftarrow{\times \frac{3}{2} \div 2} \text{시}\left(\frac{243}{128}\right) \xleftarrow{\times \frac{3}{2}} \text{미}\left(\frac{81}{64}\right)$$

피타고라스가 7음계를 만든 과정

| 피타고라스의 정리

'피타고라스의 정리'는 다음과 같다.

'직각삼각형에서 빗변의 길이의 제곱은 나머지 두 변의 길이의 제곱의 합과 같다.'

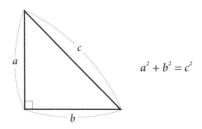

$$a^2 + b^2 = c^2$$

예를 들어 세 변이 3, 4, 5가 되는 삼각형은 직각삼각형이 되는데 이때 $3^2 + 4^2 = 5^2$이다.

이러한 사실은 고대 바빌로니아나 이집트 사람들도 알고 있었다. 이를 건축에 이용하기도 하였다. 중국에서도 '고구현의 정리'라는 이름으로 알고 있었다. 그러나 이를 증명한 것은 피타고라스가 처음이었다. 사람들은 이를 최초의 위대한 정리라고 한다. 피타고라스 자신도 이것을 증명하고 난 후 너무나 기뻐서 황소를 100마리나 잡아서 제사를 지냈다는 이야기도 있다. 오늘날에는 이 정리를 가장 먼저 증명한 게 피타고라스가 아니라는 주장도 있지만, 아직까지 우리는 이를 '피타고라스의 정리'라고 한다.

피타고라스의 정리의 증명이 기록된 가장 오래된 문서는 유클리드^{Euclid}

의《원론The Elements》이다. 그 후 많은 수학자들이 이 정리를 증명하려고 했다. 현재 발견된 증명 방법은 미국의 20대 대통령인 가필드의 증명 방법까지 포함하여 370가지가 넘는다.

그런데 피타고라스의 정리에 '무리수•'라는 이상한 수가 나타났다. 피타고라스는 모든 수를 자연수의 비로 나타낼 수 있다고 주장했는데, 한 변의 길이가 1인 정사각형의 대각선의 길이인 $\sqrt{2}$는 자연수의 비로 나타낼 수 없었다. 이 수는 피타고라스의 생각을 완전히 뒤집어버리는 아주 고약한 수였다. 그래서 피타고라스 학파는 이 사실을 비밀로 했는데, 히파수스 Hippasus라는 제자가 이를 폭로해 버렸다. 그 결과 히파수스가 살해당했다고 하니, 예나 지금이나 잘못된 점을 밝히는 일은 쉽지 않은가 보다.

> **● 피타고라스의 삼조**
>
> (3, 4, 5)와 같이 피타고라스의 정리를 만족하는 세 자연수의 쌍을 피타고라스의 삼조라고 하는데, 이러한 삼조는 (5, 12, 13), (7, 24, 25) 등 많이 있다. (6, 8, 10)도 피타고라스의 삼조이지만, 세 수가 서로 소가 되는 삼조는 쉽게 찾기 어려워서 삼조를 구하는 공식을 찾는 방법, 삼조의 성질 등 흥미로운 연구들이 많다. 예를 들어 삼조에는 항상 3의 배수가 포함되어 있다.

●　무리수: 두 자연수의 비로 나타낼 수 없는 수.

| 피타고라스의 영향

피타고라스가 후세에 미친 영향은 매우 크다. 그는 계산술이 아니라 수 그 자체의 성질을 연구하는 '수론'의 창시자이다. 철학자 플라톤도 피타고라스의 영향을 받았다.

피타고라스의 정리는 기하학과 대수학•을 연결하는 중요한 고리이며, '세상을 바꾼 방정식'으로 꼽힐 정도로 다방면에 걸쳐 이용되고 있다. 데카르트의 좌표축과 피타고라스의 정리를 이용하면 직접 측정이 불가능한 곳의 거리를 계산할 수도 있다. 많은 수학자들이 해결하려고 시도하였으나 오랫동안 해결하지 못하다가 1994년에 영국의 수학자 앤드루 와일스가 증명한 '페르마의 대정리'도 피타고라스의 정리에서 시작된 것이다.

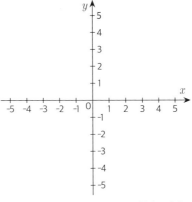

데카르트의 좌표축 17세기 프랑스 수학자 R.데카르트가 도입한 좌표계이다. 2차원에서 x축(보통 가로축)과 y축(보통 세로축)의 관계로 점의 위치를 표시한다.

● 기하학은 '도형 및 공간의 성질에 대하여 연구하는 학문'이다. 대수학은 56쪽에서 자세하게 다룬다.

1 (5, 12, 13), (7, 24, 25) 외에 다른 피타고라스의 삼조를 찾아보자.

2 6은 완전수이다. 6 이외의 다른 완전수로는 무엇이 있을까?

풀이

1 '피타고라스의 정리를 만족하는 세 자연수의 쌍'을 피타고라스의 삼조라고 했다. 또한, 삼조
에는 항상 3의 배수가 포함된다고 했다. $a=9$이고 빗변이 다른 변보다 1 큰 피타고라스의 삼
조를 생각해 보면 $9^2+b^2=(b+1)^2$과 같은 식을 만들 수 있다. 이를 계산하면 $b=40$이다. 따라
서 (9, 40, 41)이 피타고라스의 삼조가 된다. 더 많은 피타고라스의 삼조를 구해보고 싶다면
$a=m^2-n^2, b=2mn, c=m^2+n^2$ 인 (a, b, c)를 확인해 보면 된다.

2 '자신을 제외한 약수의 합이 자기 자신과 같게 되는 수'를 완전수라고 한다. 28, 496, 8128,
33550336 등이 완전수이다. 1999년까지 38개의 완전수가 발견되었다.

무리수로 인하여 죽임 당한 히파수스,
비극적인 끝을 맞이한 피타고라스 학파

히파수스는 두 변의 길이가 1인 직각삼각형의 빗변의 길이가 $\sqrt{2}$라고 밝혀냈다. $\sqrt{2}$는
두 자연수의 비로 나타낼 수 없는 수, 즉 무리수였다. 두 자연수의 비로 나타낼 수 있는
수인 유리수만 연구하는 피타고라스 학파에서는 이를 금기시했다. 결국 피타고라스 학
파 사람들은 히파수스를 지중해 바다에 빠트려 죽이기까지 했다.

이후 피타고라스 학파는 계속 세력을 불려 나갔다. 정치에 관여할 정도로 세력이 커지
자, 피타고라스 학파를 견제하던 이들에게 피타고라스와 그의 제자들도 살해당했다고
한다.

수와 논리로
세상을 풀다

3

아폴로니우스

Apollonius of Perga

원뿔곡선을 정리하다

B.C.262~B.C.190

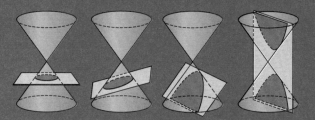

| 학문이 꽃 피우던 헬레니즘 시대의 수학자

아폴로니우스는 기원전 262년에 페르게(오늘날 튀르키예에 있다)에서 태어났다. 아폴로니우스는 유클리드, 아르키메데스^{Archimedes}, 히파르코스^{Hipparchus}와 같은 위대한 수학자들과 같은 시기에 활동한 수학자이다. 당시 그리스 3대 수학자로 손꼽힐 정도였으나, 그의 생애에 대해서는 알려진 것이 거의 없으며 저서도 많이 유실되었다. 아폴로니우스의 연구에 관한 내용은 후대 작가, 특히 알렉산드리아의 수학자 파푸스^{Pappus}가 쓴 책에서 찾아볼 수 있다.

아폴로니우스는 학문과 문화가 번성하던 헬레니즘 시대에 살았다. 그는 그 중심지였던 이집트의 알렉산드리아에서 공부하고 대학에서 학생들을 가르치기도 했다.

알렉산드리아는 기원전 4세기 알렉산드로스 대왕이 자기 이름을 붙여 세운 도시이다. 헬레니즘 시대 이집트의 수도로, 지중해에 면한 항구 도시이다.

아폴로니우스는 고대 그리스 왕국의 수도인 페르가몬에 머무르면서 총 8권에 달하는 《원뿔곡선^{Conics}》이라는 책을 썼다. 이는 현재 남아 있는 아폴로니우스의 두 작품 중 하나다. 처음 4

권은 그리스어로, 다음 3권은 아랍어로 남아 있으나 안타깝게도 마지막 한 권은 소실되어 더 이상 찾아볼 수 없다.

| 신탁이 내려오다

아폴로니우스가 책 제목으로도 붙인 '원뿔곡선'이 무엇인지 알아보기에 앞서, 이와 관련된 흥미로운 일화부터 살펴보자. 기원전 400년경 그리스에 전염병이 돌았다. 이 지독한 전염병으로 인해 아테네 사람의 4분의 1이 죽었다고 한다. 요즘에는 전염병이 발생하면 예방하기 위한 백신이나 치료제를 개발하겠지만, 아직 의학이 그만큼 발달하지 못했던 고대 그리스에서는 신에게 제사를 지냈다. 그리스 사람들은 델로스 섬에 있는 아폴로 신전에 가서 제사를 드렸다. 그러자 다음과 같은 신탁이 내려왔다.

정육면체 모양 제단의 부피를 2배로 만들라.

앞으로 제사에 더 많은 공물을 바치라는 뜻이었을까? 사람들은 제단의 부피를 2배로 만드는 방법에 대해 고심했다.

이 문제는 '유클리드의 3대 작도 불가 문제'의 하나이다. 작도는 자와 컴퍼스만을 써서 주어진 조건에 알맞은 선이나 도형을 그리는 것이다. 그러나 이 두 개의 도구만을 가지고는 정육면체의 부피를 2배로 만들 수 없었다.

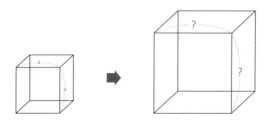

원래 제단의 한 변의 길이를 a라고 하자. 그러면 제단의 부피는 a^3이 된다. 각 변의 길이를 2배로 늘리면 부피도 두 배가 되지 않을까? 하지만 각 변을 2배로 늘리면($2a$) 그 부피는 $8a^3$이 되어 무려 8배가 된다.

고민하던 사람들은 이 문제를 해결해 줄 수학자를 찾게 되었고, 이 문제를 해결하겠다고 나선 사람이 있었으니 바로 메나에크모스 Menaechmus였다. 부피가 $2a^3$인 정육면체의 한 변의 길이는 얼마일까? 거꾸로 생각해 보자.

$$2a^3 = \sqrt[3]{2}\,a \times \sqrt[3]{2}\,a \times \sqrt[3]{2}\,a$$

이렇게 사람들은 부피가 2배인 정육면체를 만들기 위해서는 한 변의 길이를 $\sqrt[3]{2}\,a$•로 해야 한다는 것을 알게 되었다. 즉, 세 번 곱했을 때 2가 되는 수를 찾아야 하는데, 이 수를 어떻게 찾을 수 있을까?

메나에크모스는 정육면체의 부피를 두 배로 하는 문제를 해결하는 과정에서 '원뿔곡선'을 발견했다. 원뿔을 모선••에 수직인 단면으로 자르면 그 단면은 포물선이 되고 이 곡선이 두 방정식, $x^2 = ay$와 $y^2 = 2ax$를 만족

●　　'삼 루트 이' 또는 '세제곱근 이'라고 읽으면 된다.

●●　모선: 선이 운동하여 면이 생기게 될 때, 그 면에 대하여 그 선을 이르는 말.

　　　　　　　　　　　　　원뿔곡선을 정리하다

한다고 생각한 것이다.

포물선 $x^2 = ay$와 쌍곡선 $y^2 = 2ax$의 교점을 구해보자.

$x^2 = ay$의 양변을 a로 나누면 $\frac{1}{a}x^2 = y$가 된다.

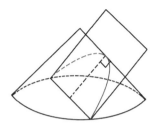

메나에크모스의 원뿔곡선. 꼭지각이 직
각인 원뿔을 모선에 수직인 단면으로 잘
랐을 때, 이 단면은 포물선이 된다.

이렇게 구한 y값을 $y^2 = 2ax$에 대입하면 $x^4 = 2a^3x$가 된다.

이 식의 양 변을 x로 나누면 $x^3 = 2a^3$이다.

그 결과 $x = \sqrt[3]{2}a$이다.

즉, 포물선 $x^2 = ay$와 $y^2 = 2ax$의 교점을 구하면 $\sqrt[3]{2}a$를 구할 수 있는 것
이다.

이러한 메나에크모스의 원뿔 단면에 대한 이야기는 에라토스테네스의
풍자시에 남아 있다. 그런데 포물선이나 쌍곡선은 원뿔의 단면을 구하는
과정에서 나오기는 하지만 유클리드의 작도 조건인 눈금 없는 자와 컴퍼
스만으로는 그릴 수 없다.

| 원뿔곡선

아폴로니우스는 수학자들의 기존 연구를 발판으로 삼아 원뿔곡선에 대한 기본 원리를 총 4권에 이르는 책에 체계적으로 정리했다. 메나에크모스의 이론도 아폴로니우스에게 큰 영감을 주었다. 그러나 메나에크모스는 중심각의 크기가 다른 여러 원뿔에서 원뿔곡선을 연구했다. 그러다 보니 쌍곡선이 한 쪽에만 나타났다. 아폴로니우스는 다음 그림과 같이 점 O를 중심으로 한없이 뻗어나가는 이중 직원뿔을 생각했다. 원뿔곡선을 이렇게 생각하면 쌍곡선이 위와 아래에 2개 나타난다.

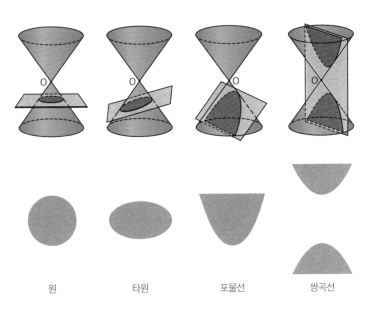

| 원 | 타원 | 포물선 | 쌍곡선 |

원뿔곡선을 정리하다

포물선, 타원, 쌍곡선이라는 명칭도 아폴로니우스가 만든 것으로 알려져 있다. 포물선(parabola)은 단면의 평면과 밑면이 이루는 각이 모선과 밑면이 이루는 각과 같은 곡선으로, '일치한다'라는 뜻을 가진 그리스어(parabole)에서 유래했다.

타원(ellipse)은 단면의 평면과 밑면이 이루는 각이 모선과 밑면이 이루는 각보다 작은 곡선으로, '부족하다'라는 뜻을 가진 그리스어(ellipsis)에서 유래했다.

마지막으로 쌍곡선(hyperbola)은 단면의 평면과 밑면이 이루는 각이 모선과 밑면이 이루는 각보다 큰 곡선으로, '초과한다'라는 뜻을 가진 그리스어(heperbole)에서 유래했다.

사실 이러한 그리스어(parabole, ellipsis, hyperbole)는 이미 피타고라스가 사용했던 말이다. 아폴로니우스는 이 말을 원뿔곡선에 적용한 것이다. 아폴로니우스의 정의는 오늘날 수학 교과서에서도 그대로 쓰이고 있다. 원뿔곡선의 성질과 응용 대부분은 아폴로니우스에 의해 정리되었다고 할 수 있다.

| 아폴로니우스의 원

'아폴로니우스의 원'은 다음과 같다.

두 점 A, B에 대하여 $\overline{PA} : \overline{PB} = m:n(m>0, n>0, m \neq n)$인 점 P가 그리는

도형은, 선분 AB를 $m:n$으로 내분하는 점과 $m:n$으로 외분하는 점을 지름의 양 끝점으로 하는 원이 된다.

예를 들어, m이 2이고 n이 1이라고 해 보자. 그리고 A와 B의 좌표는 각각 A(0,0) B(3,0)이라고 하겠다.

두 점 A(0,0), B(3,0)에 대하여 $\overline{PA} : \overline{PB}$ = 2:1인 점 P가 그리는 도형은, 선분 AB를 2:1로 내분하는 점과 2:1로 외분하는 점을 지름의 양 끝점으로 하는 원이 된다.

선분 AB를 2:1로 내분하는 점은 C(2,0)이 되고, 선분 AB를 2:1로 외분하는 점은 D(6,0)임을 쉽게 알 수 있다. 그 외에 다른 점들을 찾아보면, 점들의 자취는 아래 그림과 같이 원이 된다. 이 원을 아폴로니우스의 원이라고 한다. 이 아폴로니우스의 원은 오늘날 고등학교에서 배우는 도형의 방정식에 그대로 반영되어 있다.

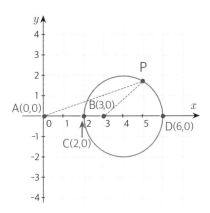

원뿔곡선을 정리하다

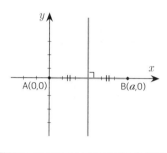
| 뛰어난 천문학자이기도 했던 아폴로니우스

아폴로니우스는 수학적 능력이 매우 뛰어나서 당대와 그 이후에도 '위대한 기하학자'로 알려졌다. 하지만 그는 천문학자로서도 큰 명성을 누렸다.

아폴로니우스는 행성의 밝기 문제와 행성이 지구의 공전 운동 방향과 반대 방향으로 공전하는 역행 운동 문제를 원을 이용하여 설명했다. 행성들이 지구를 중심으로 원 운동을 하는 것이 아니라는 것이다. 행성들은 지구로부터 약간 벗어난 어떤 곳을 중심으로 원 운동을 하고 있고, 그렇기 때문에 행성들이 지구로부터 거리가 가까운 경우에 좀 더 밝게 보이고 멀어지는 경우에 좀 더 어둡게 보이게 된다는 것을 설명했다. 이러한 아폴로니우스의 설명은 행성이 태양 주위를 타원형으로 돈다는 것을 보여준 케플러의 연구에 앞선다.

| 후대를 위한 기초를 다진 위대한 수학자

아폴로니우스는 기원전 190년 알렉산드리아에서 사망한 것으로 알려져 있다. 그의 저서가 많이 유실되어 다른 사람들만큼 업적이 잘 알려지지는 않았지만, 후대 수학자들의 연구에 기초가 되는 연구를 했다는 점에서 위대한 수학자로 평가받고 있다.

특히 메나에크모스의 뒤를 이어 완성한 원뿔 곡선에 관한 연구는 수학, 물리학, 천문학, 공학 등 여러 분야에 큰 영향을 미쳤다. 또한 그의 아이디어는 훗날 케플러가 행성의 궤도를 기술하고 뉴턴이 중력 이론을 개발하는 데 사용되었으니, 아폴로니우스가 없었다면 그들의 업적은 불가능했을지도 모른다. 아폴로니우스가 없었다면 근대 철학의 아버지, 해석기하학의 창시자라고 불리는 데카르트도 없었을 것이다. 그래서 독일의 수학자이자 철학자인 라이프니츠는 "아르키메데스와 아폴로니우스를 이해하는 사람은 후대에 최고라고 꼽히는 인물들의 업적을 덜 경이롭게 느낄 것이다."라고 말하기도 했다.

원뿔곡선을 정리하다

1 아래 그림에서 포물선을 얻으려면 단면이 밑면과 이루는 각이 몇 도여야 하는가?

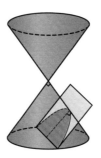

2 두 점 A(2,0)와 B(5,0)가 있다. 이때 $\overline{PA} : \overline{PB}$ = 2:1인 점 P가 그리는 아폴로니우스의 원을
아래 좌표에 그려 보자.

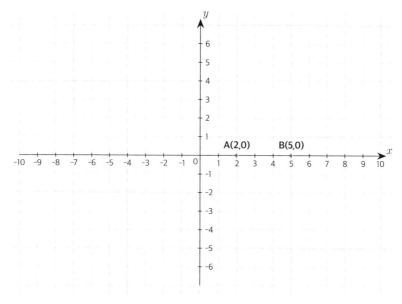

1 $45°$

포물선은 '단면의 평면과 밑면이 이루는 각'과 '모선과 밑면이 이루는 각'이 같다. 그림에서 두 모선이 수직으로 만나기 때문에 모선과 밑바닥의 평면은 $45°$로 만나고 있다. 그러므로 단면 역시 밑면과 $45°$로 만나야 포물선이 생긴다.

2 두 점 A, B에 대하여 $\overline{PA}:\overline{PB}=m:n(m>0,\ n>0,\ m\neq n)$인 점 P가 그리는 도형은, $\overline{AB}$를 $m:n$으로 내분하는 점과 $m:n$으로 외분하는 점을 지름의 양 끝점으로 하는 원이 된다. 이 원을 아폴로우스의 원이라 한다.

$m=2,\ n=1$로 계산해 보자. $\overline{AB}$를 2:1로 내분하는 점은 C(4,0)이고, 2:1로 외분하는 점은 D(8,0)이다. 우리가 그려야 하는 아폴로니우스의 원은 $\overline{CD}$를 지름으로 한다. 즉, 원의 중심은 E(6,0)이다.

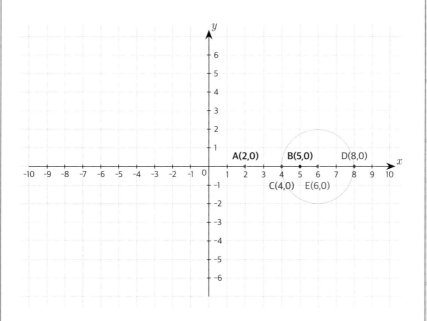

원뿔곡선을 정리하다

4

디오판토스
Diophantus of Alexandria

수학에서 기호를 사용하다

200(214?)~298(330?)

디오판토스는
생애 중 $\frac{1}{6}$을 어린 시절로,
$\frac{1}{12}$을 청년으로, 그리고
$\frac{1}{7}$을 독신으로 보냈다.
결혼한 지 5년 만에
아들을 낳았는데,
아버지보다 4년 먼저,
아버지 나이의 반을 살고
세상을 떠났다.

| 학문의 중심지 알렉산드리아에 살다

디오판토스는 250년경에 알렉산드리아에 살았다. 그 외에 디오판토스의 생애에 대하여 알려진 것은 거의 없다.

알렉산드리아는 당시 학문의 중심지로서 유클리드, 아르키메데스, 아폴로니우스, 히파티아 Hypatia 등 수많은 유명 학자들이

폰 코르벤(O. Von Corven)이 19세기에 그린 알렉산드리아 도서관 상상화

머물며 연구한 곳이다. 오늘날 알렉산드리아 도서관이나 박물관의 흔적은 조금도 남아있지 않으며, 정확한 위치도 알기 어렵다.

| 묘비에 새긴 방정식

비록 디오판토스가 어떤 삶을 살았는지는 알 수 없지만, 그의 묘비에 적힌 문구는 오늘날에도 매우 유명하다.

수학에서 기호를 사용하다

디오판토스는 생애 중 $\frac{1}{6}$을 어린 시절로, $\frac{1}{12}$을 청년으로, 그리고 $\frac{1}{7}$을 독신으로 보냈다. 결혼한 지 5년 만에 아들을 낳았는데, 아버지보다 4년 먼저, 아버지 나이의 반을 살고 세상을 떠났다.

우리는 이 묘비명을 보고 디오판토스가 몇 년을 살았는지 알 수 있다. 디오판토스의 나이를 x라고 한다면 다음과 같은 방정식을 얻을 수 있다.

$$\underset{\text{어린 시절}}{\frac{x}{6}} + \underset{\text{청년 시절}}{\frac{x}{12}} + \underset{\text{독신 시절}}{\frac{x}{7}} + \underset{\substack{\text{결혼 후} \\ \text{아들이} \\ \text{태어나기} \\ \text{전까지}}}{5} + \underset{\substack{\text{아들이} \\ \text{살아있을 때}}}{\frac{x}{2}} + \underset{\substack{\text{아들이} \\ \text{죽은 후} \\ \text{디오판토스가} \\ \text{죽을 때까지}}}{4} = \underset{\substack{\text{디오판토스의} \\ \text{나이}}}{x}$$

이 방정식을 풀면 디오판토스가 84년을 살았다는 것을 알 수 있다. 다만 여기서 "아들이 아버지의 나이의 반을 살았다"라고 했는데, 이때 '아버지의 나이'를 아들이 죽었을 당시의 아버지 나이로 계산하는지, 아버지가 세상을 떠난 마지막 나이로 계산하는지에 따라 답은 달라진다. 위의 방정식은 '아버지의 나이'를 아버지, 즉 디오판토스의 마지막 나이로 계산한 것이다. 만약 이를 아들이 죽었을 때의 아버지 나이로 계산한다면, 위의 방정식은 다음 페이지의 식처럼 수정된다. 수정한 식을 풀면 디오판토스의 나이는 $65\frac{1}{3}$세가 된다. 보통은 디오판토스의 나이를 84세로 계산한다. 이 비문이 사실상 우리가 디오판토스의 생애에 대해 알고 있는 모든 것이다.

$$\frac{x}{6} \;+\; \frac{x}{12} \;+\; \frac{x}{7} \;+\; 5 \;+\; \frac{x\text{-}4}{2} \;+\; 4 \;=\; x$$

아들이 죽었을 때
디오판토스의 나이

어린 시절　청년 시절　독신 시절　결혼 후　아들이　디오판토스의
아들이　죽은 후　나이
태어나기　디오판토스가
전까지　죽을 때까지

| 《산술》

디오판토스는 적어도 세 종류의 책을 썼다. 원래 13권짜리였는데 그중 처음 6권만 남아 있는 《산술Arithmetica》과 일부 남아있는 《다각형 수De Polygonis Numeris》, 그리고 완전히 분실된 《계론Porisms》이 그것이다. 이제 찾아볼 수 없는 《계론》에서는 기하학적 정리와 증명을 다루었다고 한다.

디오판토스의 책 중에서 가장 중요하게 여겨지는 것은 《산술》이다. 디오판토스 업적 대부분이 이 책에 근거하고 있다.

그리스어를 라틴어로 번역한 1621년 판 《산술》 표지

《산술》은 총 189개의 문제와 그에 대한 해결책을 모아놓은 책이다. 디오판토스는 189개 문제를 각각 다른 방법으로 해결한다. 이 문제들을 해결하는 일반적인 방법은 없다. 문제 유형은 50가지가 넘지만, 유형별로 분류하려는 시도도 하지 않았다. 비록 체계는 조금 부족해 보일지라도 《산

　　수학에서 기호를 사용하다

술》은 매우 수준 높은 수학적 기능과 독창성을 지닌 책이다. 그리스 수학과 어떠한 공통점도 없는 새로운 내용이었으며, 기존과는 전혀 다른 접근 방식을 사용했다.

디오판토스의 《산술》은 아라비아 사람들에게도 알려져 있었지만, 16세기 유럽에서 재조명되기 전까지는 제대로 평가받지 못했다. 독일의 수학자 레기오몬타누스Regiomontanus는 "이 오래된 책들에는 산술 전체의 정화가 숨겨져 있다"라고 평가했다. 많은 후대 수학자들이 《산술》에 수록된 문제들을 연구했다.

| 수학에서 기호를 사용하다

디오판토스는 처음으로 여러 가지 수학 기호를 사용한 수학자이다. 우리가 지금 사용하는 것과는 조금 다르다. 한번 살펴보자.

(1) 분수를 쓰는 새로운 방식

과거 이집트 사람들은 분수를 나타낼 때, 서로 다른 단위분수의 합으로 나타냈다. 예를 들어, $\frac{3}{5}$이라는 분수 대신 $\frac{1}{2}$ $\frac{1}{10}$과 같이 서로 다른 두 개 이상의 단위분수를 나열하는 식이었다. 이 나열은 $\frac{1}{2}+\frac{1}{10}$을 의미했다.

그리스 사람들은 지금 우리처럼 분수를 나타냈다. 쓰는 방식은 조금 달랐는데 먼저 악센트로 표시한 분자를 쓴 다음, 두 개의 악센트로 표시한 분모를 두 번 썼다. 즉, $\frac{17}{21}$은 $\iota\zeta'\ \kappa\alpha''\ \kappa\alpha''$와 같이 나타냈다.

아르키메데스와 디오판토스는 전혀 새로운 방식으로 분수를 썼다. 우리가 현재 지수를 표시하는 위치에 분모를 쓴 것이다. 이들은 $\frac{17}{21}$를 17^{21}이라고 썼다.

(2) 거듭제곱을 축약하다

디오판토스는 거듭제곱을 축약했다. 그는 《산술》에서 우리가 미지수 라고 하는 미지인 양을 ς로 나타냈다. 이것은 '수'를 뜻하는 그리스어 (αριθμός)의 줄임이다.

또한, 미지수의 거듭제곱 x^2은 Δ^Υ로, x^3은 K^Υ로 나타냈다. 이것은 각각 정사각형, 정육면체를 의미하는 단어의 앞 글자만을 사용한 것이다.

(3) 뺄셈 기호 Ψ, 등호 기호 ι

디오판토스는 뺄셈 기호로는 Ψ(프시, 그리스 문자의 23번째 문자)를 뒤집어 놓은 ⋔를 사용했고, 등호 기호로는 ι를 사용했다. 덧셈은 별도의 기호 없이 그냥 나열했다. 이런 방식은 위치적 기수법●이 아닌 절대 기수법●●을 사용할 때 자연스러운 방식으로 보인다.

곱셈도 기호를 사용하지 않고 계산 결과만 기록했으며, 계수는 미지수 뒤에 썼다. 예를 들어 $K^\Upsilon 35$는 $35x^3$을 의

> ● **기수법**
>
> 숫자를 사용하여 수를 적는 방법을 말한다. 오늘날에는 0에서 9까지의 숫자를 사용하고 십진법으로 나타내는 인도·아라비아 기수법을 많이 쓴다.

●　　숫자를 쓰는 자리의 자릿값이 미리 정해져 있다.
●●　　숫자가 쓰인 자리와 상관없이 하나의 숫자가 하나의 수를 나타낸다.

수학에서 기호를 사용하다

미했다.

(4) 양의 유리수를 수로 인식하다

디오판토스는 '양의 유리수'를 '수'로 인식한 최초의 그리스 수학자였다. 당시 수학자들은 유리수를 '자연수의 비'라고만 생각하고, 수라고 생각하지는 못했다. 디오판토스는 그렇게 방정식의 계수와 해에도 분수를 허용했다.

● 디오판토스도 완벽하지는 않았다

디오판토스의 《산술》에서 '음수'가 처음 언급되었다. 그러나 디오판토스에게는 음수에 관한 개념이 부족했다. 방정식 $4x+20=4$에서 x의 값은 -4가 되기 때문에 식이 터무니없다고 생각하였다.

디오판토스는 몫에 관한 개념도 부족했다. 그는 나누기를 하지 않고, 뺄셈을 반복하여 필요한 값을 구했다.

근이 두 개인 이차방정식에서는 하나의 근만 인정했다. 답이 음수이거나 무리수인 경우는 답으로 인정하지 않았고, 양수 근이 두 개 나오는 경우에도 하나의 근만 답으로 받아들였다.

| 부정방정식을 연구하다

디오판토스는 '부정방정식의 해법'을 연구했다. 부정방정식은 $2x-y=0$ 과 같이 해가 무수히 많은 방정식을 말한다. 물론 부정방정식 자체는 피타고라스나 아르키메데스 등 디오판토스 이전에도 연구되었다. 그러나 디오판토스는 부정방정식을 광범위하게 연구했다. 그래서 정수를 계수로 하는 다항 방정식에서 정수인 근을 구하는 부정방정식을 '디오판토스 방정식'이라고 부른다.

그런데 디오판토스는 미지수로 하나의 기호만을 사용했다. 예를 들어 그는 두 개의 미지수가 필요한 부정방정식을 해결할 때도 x, y라고 쓰지 않고 x, $2x+1$과 같이 썼다. '하나의 답'을 구하는 것이 디오판토스의 방식이기 때문에 가능한 일이었다. 이러한 한계 때문에 훗날 오일러, 라그랑주, 가우스 같은 수학자들이 부정방정식을 연구할 때는 디오판토스와는 다른 방법으로 새로 시작해야만 했다.

| 대수학 발달 단계의 한 획을 긋다

수학은 크게 '대수학algebra'과 '기하학geometry' 두 개의 영역으로 나눌 수 있다. 대수代數는 수를 대신한다는 뜻으로, 수 대신에 문자를 사용하는 것을 말한다.

19세기 독일의 수학자 네셀만G.H.F.Nesselmann은 대수학의 발달 과정을 표기법에 따라 3단계로 구분하였다. 이 발달 단계를 보면 디오판토스가 대수학 발달에 얼마나 큰 기여를 했는지 알 수 있다.

(1) 언어적 대수학

기호를 사용하지 않고 모든 것을 '단어'로 쓰는 대수학이다. 예를 들어 페르시아의 수학자 알 콰리즈미는 "열 개의 근을 제곱에 더하면 삼십구가 된다"라고 말했다. 이것은 $10x+x^2=39$를 말한다. 알 콰리즈미와 같이 표현하는 것을 언어적 대수학이라고 한다.

(2) 생략적 대수학

풀이 방법을 문자로 쓴다는 점에서 언어적 대수학과 비슷하다. 그러나 자주 반복되는 특정 연산과 개념을 표현하기 위해 약어나 머리글자를 사용한다는 점이 특징이다. 요즘 SNS에서 줄임말을 사용하는 것과 같다.

예를 들어 디오판토스는 S.는 제곱, N.는 수, U.는 단위, m.는 빼기라는 의미로 사용했다. 각각의 기호는 제곱 square, 수 number, 단위 unit, 빼기 minus의 머리글자에서 따온 것이다. 그는 "세 수의 합이 제곱수 1S. 2N. 1U.와 같다고 가정하자"와 같이 기술했는데, 이를 지금 방식으로 표현하면 x^2+2x+1 이다.

(3) 기호적 대수학

17세기 프랑스 수학자 비에트에 이르러 그 다음 단계인 기호적 대수학이 시작되었다. $x^2+10x=39$와 같이 완전히 발달한 기호로 표현하게 된 것이다. 이 단계에서는 미지수뿐만 아니라 상수까지 기호를 사용하여 $ax^2+bx+c=0$과 같이 나타내기 시작했다.

생략적 대수학은 디오판토스부터 시작하였으며, 17세기 중반까지 생략적 대수학을 사용한 다수의 논문과 책이 쓰였다. 대수학 발달 과정의 한 단계가 디오판토스에 의해 시작된 것은 디오판토스가 얼마나 놀라운 식견을 가졌었는지를 보여준다. 이에 후대 사람들은 디오판토스를 '대수학의 아버지'라고도 부른다.

수학에서 기호를 사용하다 ─────

1 주어진 제곱수, 예를 들어 16을 두 개의 제곱수로 나누어라.

* 이 문제는 디오판토스의 《산술》에 실린 문제이다.

2 아래 내용을 나타내는 적절한 기호가 없다고 생각해 보자. 디오판토스처럼 새로운 기호를 정해 다음 문장을 간단히 나타내 보자. 그리고 왜 그런 기호를 정했는지 설명해 보자.

① 3과 5를 곱한다.

② 삼각형 ABC

풀이

1 제곱수 16을 두 개의 제곱수로 나누어야 한다. 그중 하나의 제곱수를 x^2이라고 하면, 다른 하나는 $16-x^2$이 된다. 이 수 또한 제곱수이므로 적절한 제곱수의 형태로 나타내 보자. 디오판토스는 이 수를 $(2x-4)^2$이라고 나타냈다. 아마도 계산 과정에서 16을 없애기 위해서 이러한 예를 선정했을 것이다. 그래서 $(3x-4)^2$를 택할 수도 있다.

이제 $16-x^2=(2x-4)^2$을 계산하면 $x=\dfrac{16}{5}$이다. 구하려는 두 제곱수는 x^2와 $16-x^2$이므로 16을 두 개의 제곱수로 나누면 $\dfrac{256}{25}, \dfrac{144}{25}$가 된다.

2 현재 우리가 사용하는 기호로 두 개의 문장을 나타내면 (1)3×5, (2)△ABC이다. 곱셈 기호(×)는 17세기 영국의 수학자 윌리엄 오트레드$^{William\ Oughtred}$가 기독교의 십자가를 비스듬히 기울여 곱셈 기호로 쓴 것에서 유래했다. 기호 △는 삼각형 모양을 형상화한 것으로, 단순히 삼각형을 나타내기 위한 용도로는 이미 기원전 4세기경에 그리스 수학자 파푸스가 사용하였다. 각자 적절히 기호를 사용하여 간단히 나타내 보자. 예를 들어 곱하기의 첫 자음 'ㄱ'을 기호로 사용해 3ㄱ5로 나타내거나, 삼각형의 첫 글자 '삼'을 기호로 사용해 삼ABC로 쓰는 방법 등이 있다.

오늘날 17세기의 가장 위대한 수학자라고 손꼽히는 페르마(Pierre de Fermat, 1607~1665)는 프랑스 출신의 변호사였다. 그는 취미로 수학 문제를 풀었는데, 디오판토스의 《산술》에 나오는 '주어진 정사각형을 두 개의 정사각형으로 나누는 문제'(이것은 피타고라스의 정리이다)를 일반화하려다가 다음과 같은 정리를 생각해 냈다.

"n이 2보다 큰 자연수일 때 $x^n+y^n=z^n$을 만족하는 자연수 x, y, z는 존재하지 않는다."

그리고 책의 여백에는 다음과 같은 메모를 남겼다.

"나는 정말 놀라운 증명을 발견했는데, 이 여백이 너무 좁아 담을 수 없다."

이 메모는 페르마가 죽은 후 그의 아들인 클레망 사뮈엘이 발견하였다. 그 후 많은 수학자가 이 정리를 증명하려고 했지만 실패했다. 17세기 독일의 수학자 볼프스켈은 이 정리를 증명하는 데 막대한 상금을 내걸기까지 했다. 그러다가 마침내 1995년, 페르마가 자신의 추측을 기록한 지 350여 년이 지나서야 영국의 수학자 앤드루 존 와일스Andrew John Wiles가 이를 증명해 냈다.

5

알 콰리즈미

Mohammed ibn Musa al-Khwarizmi

'대수학' 명칭의 기원이 된 수학자

780?~850?

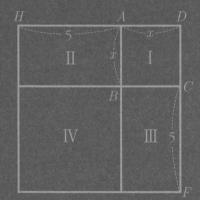

| 아라비아의 수학자

무함마드 이븐무사 알 콰리즈미는 아라비아의 수학자이다. 그는 780년 무렵 바그다드에서 태어났다. 아버지로부터 수학을 배웠으며, 어려서부터 뛰어난 재능을 보였다고 한다.

알 콰리즈미는 칼리프• 알 마문이 설립한 왕립 도서관 '지혜의 집'에서 다른 학자들과 함께 대수학, 기하학, 천문학 등을 연구하였으며 그리스 과학 서적을 번역하기도 했다.

알 콰리즈미 탄생 1200주년을 기념하여 1989년 9월 6일 발행된 구소련의 우표

| 대수학의 아버지

앞서 디오판토스가 대수학의 아버지로 불린다고 했다. 그러나 알 콰리즈미를 대수학의 아버지라고 하는 사람들도 있다.

• 이슬람 공동체(움마), 이슬람 국가의 지도자·최고 종교 권위자의 칭호이다.

'대수학' 명칭의 기원이 된 수학자

알 콰리즈미는 820년에 《재결합과 대립의 과학》 또는 《이항과 소거의 과학》이라고 번역되는 책al-Jabr wa al-Muquabala을 썼다. 제목의 'al-jabr(الجبر)'에서 영어 algebra(알제브라)라는 단어가 생겨났고, 이를 번역한 것이 '대수'이다.

알 콰리즈미를 비롯하여 다른 아랍 학자들은 음수를 사용하지 않았다. 그런데도 이 책은 그리스의 디오판토스나 인도의 브라마굽타Brahmagupta의 책보다 오늘날의 기본 대수학에 더 가깝다. 왜냐하면 이 책은 2차 방정식의 해법에 관해 간단하고 기본적인 설명을 담고 있기 때문이다.

알 콰리즈미는 이 책에서 1차 방정식과 2차 방정식의 일반적인 해법을 소개한다. 방정식을 풀기 위해서 우리는 가장 먼저 미지수가 같은 동류항이나 항을 옮기는 이항을 배운다. 이 '동류항'과 '이항'이라는 말을 알 콰리즈미가 처음 사용했다. 'al-jabr(알 자브르)'는 뺄셈 항을 다른 변으로 이항

하는 것을 의미하고, 'al-muqabalah(알 무카발라)'는 등호의 반대쪽 변에 있는 동류항을 없애는 것을 의미한다. 예를 들어, $6x^2-4x+1=5x^2+3$을 '알 자브르'하면 왼쪽의 뺄셈 항을 오른쪽으로 옮겨서 $6x^2+1=5x^2+4x+3$이 된다. '알 무카발라'하면 왼쪽의 $6x^2$과 오른쪽의 $5x^2$, 왼쪽의 1과 오른쪽의 3을 정리하여 $x^2=4x+2$가 된다. 알 콰리즈미는 이와 같이 이항과 동류항 정리 방법을 이용하여 2차 방정식을 풀었다.

| 모든 수를 말로 표현하다

알 콰리즈미는 모든 수가 단위로 구성되어 있으며, 어떤 수라도 단위로 나눌 수 있다는 것을 알게 되었다. 그는 계산에 필요한 수를 근, 제곱수, 단순 수로 구분할 수 있다고 하였다.

알 콰리즈미는 어떠한 방정식을 성립시키는 미지수를 'root(뿌리)'라고 했다. 이는 지금 우리가 사용하는 '근'이라는 용어의 근원이다. 한자 '근根' 이 뿌리라는 뜻이기 때문이다. 단, 우리가 제곱근을 나타낼 때 사용하는 루트(root, $\sqrt{}$)와 혼동하면 안 된다.

앞서 대수학은 표기법에 따라 3단계로 구분할 수 있다고 했다.(56쪽) 알 콰리즈미는 그중 첫 번째 단계로 분류되었던 '언어적 대수학'을 사용했다. 모든 수를 말로 표현한 것이다.

'대수학' 명칭의 기원이 된 수학자

알 콰리즈미의 표현	현대적 기호 표현
제곱은 아홉과 같다. 그 근은 삼이다.	$x^2=9,\ x=3$
다섯 개의 제곱은 팔십과 같다.	$5x^2=80$
네 개의 근은 이십과 같다.	$4x=20$

| 알 콰리즈미의 '근의 공식'

우선, 알 콰리즈미가 근으로서의 0은 인식하지 못했다는 사실을 알아두자. 예를 들어 $x^2=5x$의 근은 5이고, $\dfrac{x^2}{3}=4x$의 근은 12이다. 그런데 사실 0도 두 개 방정식의 근이 된다. 그러나 알 콰리즈미는 이 점을 생각하지 못했다.

알 콰리즈미는 1차 방정식과 2차 방정식을 다음과 같은 여섯 가지 기본 유형으로 구분했다.(이해를 돕기 위하여 현대식 기호로 식을 표현했다.)

① $bx=c$

② $ax^2=bx$

③ $ax^2=c$

④ $ax^2+c=bx$

⑤ $ax^2+bx=c$

⑥ $ax^2=bx+c$

이때 a, b, c는 항상 양수이다. 이렇게 하면 음수가 단독으로 사용되거나 3-5처럼 값이 작은 수에서 값이 더 큰 수를 빼는 일이 없어진다. 이렇게 구분하는 방식은 디오판토스가 사용했다. 알 콰리즈미는 2차 방정식이 두 개의 근을 가진다는 것을 인식하였지만 양수 근만 제시했다. 물론 양수 근은 무리수일 수도 있다.

알 콰리즈미는 각각의 유형을 풀기 위한 대수적이고 기하학적인 방법을 제시했다. 문제 하나를 예시로 보자.

하나의 제곱에 10개의 근을 더하면 그 합은 9와 30이 된다.

이를 오늘날 우리가 사용하는 기호로 표현해보면 유형 ⑤와 같은 방정식 $x^2+10x=39$가 된다. 이 방정식의 근을 구하는 방법을 알 콰리즈미는 다음과 같이 설명했다.

"근의 수의 절반, 즉 이 경우에는 5를 취하고 이를 제곱하면 25가 된다. 이것을 39에 더하면 64가 된다. 제곱근, 즉 8을 취하고, 그것에서 근의 수의 절반, 즉 5를 빼면 3이 남는다. 이것이 근이다."

알 콰리즈미가 제시하는 이 방법은 놀랍게도 지금 우리가 중학교 과정에서 배우는 2차 방정식의 근의 공식 $x=\dfrac{-b\pm\sqrt{b^2-4ac}}{2a}$ 과 본질적으로 일치한다.

알 콰리즈미가 제시한 이 해결 방법은 정사각형을 완성하는 과정이기도 하다. 아라비아 사람들은 이러한 대수적인 방법을 기하학적 방법으로 설명하거나 정당화했다. 다음은 $x^2+10x=39$인 방정식을 풀기 위해 알 콰리즈미가 제시한 기하학적 방법이다.

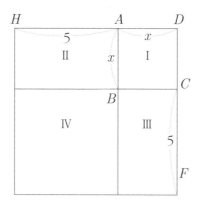

그림과 같이 선분 AB($\overline{AB}$)의 길이를 미지수 x라고 하는 정사각형 ABCD가 있다고 해보자. $\overline{AH}$와 $\overline{CF}$를 모두 5(즉, x 계수의 $\frac{1}{2}$)가 되도록 $\overline{DH}$와 $\overline{DF}$를 그린다. DH와 DF에서 정사각형을 완성하라. 그러면 사각형 I, II, III의 넓이는 각각 x^2, $5x$, $5x$이다. 이들의 합은 방정식의 왼쪽 변이 되는 x^2+10x이고, 그 값은 39이다. 이제 양쪽에 IV의 면적, 즉 25를 더한다. 결국 전체 정사각형은 39+25로 64이고, 한 변의 길이는 8이어야 한다. 그러면 $\overline{AB}$ 또는 $\overline{AD}$는 3이어야 한다. 미지수 x의 값을 찾은 것이다.

| 아라비아 숫자로 사칙연산을 하다

알 콰리즈미는 덧셈, 뺄셈, 곱셈, 나눗셈 규칙을 제시했다. 그는 현대식으로 표현했을 때 (10+1)(10+2)와 (10-1)(10-1)을 계산하는 방법을 설명하면서 단계적으로 (10+x)(10-x)의 근을 구하는 방법도 설명했다.

아라비아 사람들은 음수인 근을 거부했는데, 알 콰리즈미가 위와 같은 규칙을 설명한 것을 보면 부호가 붙은 수에 관한 오늘날의 규칙, 즉 (-)×(+)=(-), (-)×(-)=(+)와 같은 규칙은 이미 잘 알고 있었던 모양이다.

알 콰리즈미는 또한 현대식으로 표현했을 때 $2\sqrt{x^2}=\sqrt{4x^2}$ 이나 $\frac{1}{2}\sqrt{9}=\sqrt{\frac{9}{4}}=\frac{3}{2}=1\frac{1}{2}$ 과 같은 식의 계산 방법도 설명한다.

| 구거법

알 콰리즈미는 825년에 《인도 수의 계산법 Algoritmi de numero Indorum》이라는 책을 집필했다. 그는 이 책에서 사칙 계산, 십진법, 0의 개념을 소개했다. 이 책에서는 인도의 완전한 수 체계를 설명하고 있는데, 이를 토대로 위치적 기수법과 숫자 '0' 역시 800년 이전에 이미 인도에서 사용되었음을 짐작할 수 있다. 이 책은 라틴어로 번역되었고, 13세기 수학자 피보나치에게 큰 영향을 끼치기도 했다. 알 콰리즈미의 이름을 라틴어로 표기한 데서 '알고리듬 algorithm'이라는 용어가 파생되기도 했다. 현대의 수학적 용어를 최초로 도입한 것이다.

이 책에서 다루고 있는 것 중 한 가지 더 재미있는 것이 있다. 바로 '구거법'이라는 검산 방법이다.

계산을 마치고, 우리는 계산이 정확했는지 그 과정을 다시 확인하고는 한다. 그런데 옛날에는 계산 과정을 기록하는 게 쉽지 않아서 기록하는 일이 드물었고, 그 결과 그 과정을 다시 살펴보기 어려웠다. 그래서 다양한 검산 방법이 나왔는데, 알 콰리즈미가 사용한 방법이 바로 구거법이다.

구거법은 '9를 버린다'는 의미이다. 9를 버리고 남은 수로 계산하는 것이다. 9를 버리는 간단한 방법은 한 자리 수가 될 때까지 각 자리의 수를 계속해서 더하는 것이다. 예를 들어 87의 경우 $8+7=15$이고, $1+5=6$이므로 87은 6으로 생각한다. 이 수를 편의상 '검사 수'라고 하자.

구거법에 따라 $87+24=101$이라는 계산이 맞는지 확인해 보자.

처음 계산	$87+24=101$ 101의 검사 수를 구하면 $1+0+1=2$
검사 수끼리 계산	87의 검사 수 $8+7=15 \rightarrow 1+5=6$ 24의 검사 수 $2+4=6$ 두 개의 검사 수를 더하면 $6+6=12$ 12의 검사 수를 구하면 $1+2=3$

87과 24의 검사 수끼리 계산해서 최종 검사 수를 구해 보면 3이라는 결과가 나온다. 그러나 원래 계산 결과인 101의 검사 수를 구해보면 2이다. 이렇게 두 값이 다르면 "$87+24=101$이라는 계산은 틀렸다"라고 할 수 있다.●

그런데 구거법으로 검산을 할 때는 주의할 점이 있다. 위와 같이 검사 수가 다르게 나오면 계산이 확실히 틀린 것이지만, 검사 수가 같게 나왔

●   87+24의 올바른 계산 결과는 111이다. 111의 검사 수를 구하면 $1+1+1=3$이다.

다고 해서 계산이 반드시 맞는 것은 아니라는 점이다. 예를 들어, 111이나 201이나 검사 수는 '3'으로 같다. 그러나 87+24=201은 아니다. 그러니 검산할 때는 구거법만이 아닌 다른 여러 가지 방법을 함께 동원할 필요가 있다. 그래도 구거법은 과거에 매우 유용한 방법으로 활용되었다.

구거법으로 곱셈의 결과도 검산해볼 수 있다. 뺄셈의 경우는 덧셈으로 고치고, 나눗셈의 경우에는 곱셈으로 고쳐서 확인하는 것이 좋다.

● 천문학도 연구하다

알 콰리즈미는 천문학 연구에도 기여했다. 그는 천문을 관측하여 지구 자오선 1도의 길이를 측정했다. 바다 위에서 길을 잃지 않도록 도와주는 천문 도구 아스트롤라베astrolabe와 해시계에 관한 책도 썼다.●

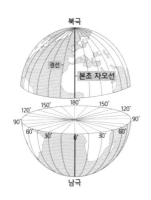

1208년 아랍의 아스트롤라베

자오선 지구의 북극과 남극을 지나며, 적도와 수직으로 만나는 선. 오늘날 시각을 재는 기준이기도 하다.

● 　 아스트롤라베(astrolabe)은 '별을 붙잡는 것'이라는 뜻을 갖고 있다.

'대수학' 명칭의 기원이 된 수학자

1 $x^2+4x=45$라는 방정식이 있다. x값을 구하기 위해 아래와 같은 정사각형을 그린다고 생각해 보자.

(1) $\overline{\text{AH}}$와 $\overline{\text{CF}}$의 길이는 얼마인가?

(2) x의 값은 얼마인가?

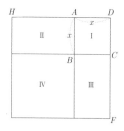

2 다음 계산 결과가 올바른지 구거법으로 확인해 보자.

$$24 \times 12 = 288$$

힌트 24의 검사 수를 구하고, 12의 검사 수를 구해서 곱해 보자. 그 결과의 검사 수를 구하고, 288의 검사 수를 구해 보자.

1 (1) $x^2+4x=45$의 왼쪽 변과 같은 식을 만들기 위해 선분 AH와 선분 CF의 길이는 x 계수의 $\frac{1}{2}$ 인 2가 된다.

(2) 사각형 HDFE의 넓이는 다음과 같이 구할 수 있다. 우선, 사각형 Ⅰ, Ⅱ, Ⅲ, Ⅳ의 넓이를 모두 더하는 것이다. 사각형 Ⅰ의 넓이는 x^2, Ⅱ의 넓이는 $2x$, Ⅲ의 넓이는 $2x$, Ⅳ의 넓이는 $2×2$로 4이다. 즉, 사각형 HDFE의 넓이는 x^2+4x+4인데, x^2+4x의 값이 45라고 했으므로 사각형 HDFE의 넓이는 49이다.

그러므로 한 변의 길이가 7이 되고 이것은 $x+2=7$이므로 $x=5$이다.

2 24의 검사 수 → 2+4=6

12의 검사 수 → 1+2=3,

6×3=18

18의 검사 수 → 1+8=9(또는 9를 버려서 0이라 해도 된다)

288의 검사 수 → 2+8+8=18, 1+8=9(또는 9를 버려서 0이라 해도 된다)

24×12의 검사 수는 9, 288의 검사 수는 9로 동일하다. 그러므로 구거법상 계산 결과가 옳다고 본다. (단, 구거법만으로 이 계산 결과가 옳다고 단정할 수는 없다.)

피보나치

Leonardo Fibonacci

피보나치 수열

1170?~1250?

$$1, 1, 2, 3, 5, 8, 13, 21, \cdots$$

| 어린 시절부터 수학을 배운 피보나치

레오나르도 피보나치는 1170년경 당시 상업의 중심지였던 이탈리아의 피사에서 태어났다. 그의 아버지는 북아프리카에서 창고 사업을 했다. 피보나치는 어린 시절 아버지를 따라 아프리카 북부 해안의 부지라는 곳에서 자랐는데, 무어인• 교장으로부터 조기 교육을 받았다. 아버지의 직업 덕분에 일찍부터 계산하는 방법에 관심을 가지고 주판 사용법도 배웠다.

《인류의 은인(benefattori dell'umanità)》
(1850)에 실린 피보나치 삽화

피보나치는 이집트, 시칠리아, 그리스, 시리아 등을 여행하면서 동양과 아라비아의 수학을 접했다. 인도·아라비아의 숫자 그리고 그들의 계산 방법이 우월하다고 확신한 그는 1202년 귀국 후 곧바로 《산반의 책Liber abaci》을 출판했다. 이 책을 통해 유럽에 인도·아라비아의 숫자가 알려지게 되었다.

• 이베리아반도와 북아프리카에 살았던 이슬람계 사람들을 일컫는다.

피보나치 수열

| 《산반의 책》

《산반의 책》의 '산반'은 주판을 의미한다. 그러나 이 책은 주판 사용법을 설명한 것이 아니라 주판의 도움 없이 계산하는 방법, 그리고 인도·아라비아 숫자를 사용하여 계산하는 방법을 다뤘다. 산술과 초등 대수학을 다루는 《산반의 책》은 다음과 같이 시작한다.

> 인도의 아홉 개 숫자는 9, 8, 7, 6, 5, 4, 3, 2, 1이다. 이 아홉 개의 숫자와 아라비아어로 시프르sifr라고 불리는 0이라는 기호를 사용하면, 어떤 수라도 쓸 수 있다.

피보나치가 인도·아라비아 숫자의 장점을 확신하지 않았다면 책을 이렇게 시작할 수는 없었을 것이다. 이 책은 15개 장으로 이루어져 있는데, 유럽인들에게 새로운 숫자인 인도·아라비아 숫자를 읽고 쓰는 법, 정수와 분수를 사용한 계산, 제곱근과 세제곱근의 계산, 1차 및 2차 방정식의 해법 등을 설명하고 있다.

이 책은 이후 수학자들이 다루는 많은 문제를 포함하고 있다. 고대 이집트 수학 체계를 정리한 파피루스 중 하나인 '린드 파피루스Rhind Papyrus'에 있는 문제와 유사한, 다음과 같은 문제도 있었다.

> 일곱 명의 노파가 로마로 간다. 각 노파는 일곱 마리의 노새를 가지고 있으며, 각 노새는 일곱 자루를 운반하고, 각 자루에는 일곱 개의 빵이 있으며,

각 빵에는 일곱 개의 칼이 있고, 각 칼은 일곱 개의 칼집에 들어 있다. 이름 붙은 모든 것의 합계는 얼마인가?•

이처럼 《산반의 책》은 기호를 사용하지 않고 모든 수학을 말로 표현하였는데, 이것은 아라비아 대수학의 영향을 받았기 때문이다.

그렇다면 인도·아라비아 숫자를 알게 된 유럽 사람들은 곧바로 이 숫자를 사용하였을까? 그렇지는 않았다.

| 인도·아라비아 숫자 사용을 금지한 유럽

피보나치가 인도·아라비아 숫자가 얼마나 편리한지, 인도·아라비아 숫자를 이용한 계산 방법이 얼마나 우월한지 아무리 열심히 설명해도 유럽 사람들은 새로운 숫자에 대해 큰 거부감을 느꼈다. 심지어 1299년 피렌체에서는 상인들이 부기••에 인도·아라비아 숫자를 사용하는 것을 금지하고 로마 숫자를 사용하도록 명령하는 조례를 발표했다.

인도·아라비아 숫자 사용을 금지한 이유는 여러 가지였을 것으로 추측한다. 우선, 사람들이 특정 숫자를 매우 다양하게 썼기 때문일 것이다. 인

- 답: 137256. 노파 7명, 노새 7×7=49(마리), 자루 49×7=343(개), 빵 343×7=2401(개), 칼 2401×7=16807(개), 칼집 16807×7=117649(개), 모두 합하면 137256개.
- •• 자산, 자본, 부채 등의 증감을 적는 것.

도·아라비아 숫자가 유럽에 전파되면서 장소에 따라, 시대에 따라 숫자 모양이 달랐다. 아래는 10세기에 무어인들이 사용한 고바르 숫자와 비슷한 시기인 976년에 스페인에서 작성한 숫자이다. 이를 비교해 보면 같은 수라도 모양이 제각각이라는 것을 알 수 있다.

10세기, 서아랍 고바르● 숫자

976년, 스페인에서 작성한 숫자

그리고 숫자 0에 대한 혼란과 불안도 있었을 것이다. '아무 것도 없는' 것을 나타내는 기호는 이해하기에 어려움이 있었다. '영'을 나타내는 기호는 위치적 기수법에서는 반드시 필요한 기호이지만 로마 숫자를 사용하는 유럽에서는 전혀 필요하지 않은 것이었기 때문이다.

종이의 낭비도 문제가 될 수 있었다. 주판에서 계산하면 종이를 사용할 일이 없는데, 피보나치가 설명한 계산 방법은 종이를 사용해야 했으니 계산 후에 버리게 될 값비싼 종이의 낭비가 심각했던 것이다.

그러나 인도·아라비아 숫자 사용을 금지했던 가장 큰 이유는 위조 가능성이었을 것이라고 본다. 0은 6이나 9로 쉽게 바꿀 수 있고 1은 4나 6, 7, 9

●　고바르(Gobar) 숫자라는 이름은 '먼지'를 뜻하는 아랍어에서 유래했다고 한다.

로 쉽게 바꿀 수 있다. 이와 달리 당시 유럽 사람들이 사용하던 로마 숫자는 약간의 조치를 취하면 위조하기가 쉽지 않았다.

인도·아라비아 숫자가 사용하기 너무 쉬워서 성직자나 귀족들이 사용을 반대했다는 이야기도 있다. 세종대왕이 한자 대신 사용하도록 한글을 만들었을 때 양반들이 한글 사용을 반대했던 것과 같은 이유이다.

그러나 결국에는 유럽에서도 인도·아라비아 숫자를 사용하게 된다. 주판을 이용하여 계산하고 로마 숫자로 기록하기를 주장하는 산반파의 반대가 심하기는 했지만, 주판으로 계산하고 그 결과를 로마 숫자로 기록하는 것은 인도·아라비아 숫자를 이용하여 필산(숫자를 써서 계산함)하는 방법과 비교했을 때 시간이 너무 많이 걸렸다. 인도·아라비아 숫자의 형태는 1450년 인도·아라비아 숫자가 인쇄된 책이 소개되면서 표준화되었다.

| 피보나치 수열

《산반의 책》에는 다음과 같은 문제도 있다.

한 쌍의 토끼가 있다. 이 한 쌍의 토끼는 매달 암수 한 쌍의 새끼를 낳으며, 새로 태어난 토끼쌍도 태어난 지 두 달째부터 매달 한 쌍씩 암수 새끼를 낳는다고 한다. 갓 태어난 한 쌍의 토끼가 있을 때, 1년이 지나면 토끼는 모두 몇 쌍이 될까?●

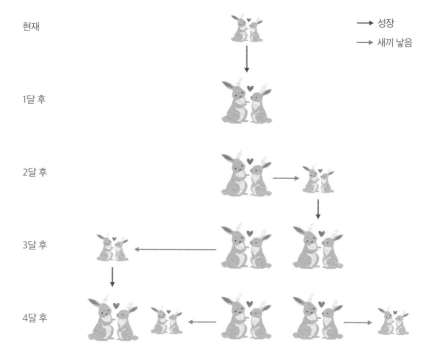

현재   → 성장

1달 후   → 새끼 낳음

2달 후

3달 후

4달 후

《산반의 책》에 있는 여러 문제 중에서도 이 문제가 후대 수학자들에게 가장 큰 영감을 주었다. 《산반의 책》이 처음 출간되었을 때는 사람들이 별로 눈여겨 보지 않았던, 아주 사소한 문제였다. 그러나 19세기 프랑스의 정수론자 에두아르 뤼카$^{Édouard Lucas}$가 이 문제에 나타나는 수열에 피보나치의 이름을 붙였고, 오늘날 피보나치는 이 '피보나치 수열' 덕분에 기억되고 있다. 사실 피보나치 수열 자체는 이미 500년 전 인도에도 있었던 것이라서 피보나치가 처음 만든 것도 아니니 그의 이름을 붙인 것이 적절하

- 《산반의 책》에 있는 문제를 이해하기 쉽도록 재구성하였다. 그래서 《산반의 책》에서의 답은 377쌍이지만, 이 경우에는 답이 233쌍이 된다.

지는 않다.

위의 문제를 해결하다 보면 다음과 같은 수열이 나타난다.

  1, 1, 2, 3, 5, 8, 13, 21, 34, 55, 89 ⋯

이 수열을 좀 더 자세히 살펴보자. 이 수열은 첫 번째, 두 번째 항이 1이며 그 뒤 각각의 항은 바로 앞의 두 항을 더한 값이다.

  2=1+1, 3=1+2, 5=2+3, ⋯

그리고 2와 3, 3과 5, 5와 8과 같이 연속된 두 항은 서로소이다. 서로소는 3과 5, 8과 9와 같이 공약수가 1뿐인 수를 말한다. 놀라운 사실은 이웃한 두 항의 비의 비율은 다음과 같이 황금분할비($\frac{\sqrt{5}-1}{2}=0.6180339...$)로 수렴한다는 점이다.

$$\frac{1}{1} = 1$$

$$\frac{2}{1} = 2$$

$$\frac{3}{2} = 1.5$$

$$\frac{5}{3} = 1.666...$$

$$\frac{8}{5} = 1.6$$

신기하게도 이러한 피보나치 수열이나 이 수열에 있는 수들은 자연 현상에서 많이 발견된다. 예를 들어 채송화와 딸기꽃의 꽃잎은 5장, 코스모스와 모란은 8장, 금잔화는 13장, 치커리는 21장 등 대다수 꽃의 꽃잎 수는 피보나치 수열에 있는 수 중의 하나이다.

다음 그림은 한 변의 길이가 1, 1, 2, 3, 5, 8, 13인 정사각형을 이어 붙인 다음 각각의 정사각형에서 사분원을 그려 만든 황금나선이다. 이 황금나선은 바로 앵무조개 나선의 정체이다.

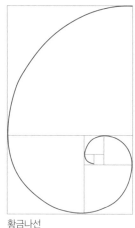

황금나선

이 수열은 아름답고 중요한 특성을 많이 갖고 있어서 수학자들은 물론 많은 예술가들도 관심을 가졌다. 1963년에 호갓Hoggatt Jr, V. 박사가 피보나치 학파를 창설하여 피보나치 수열을 주로 다루는 정기 간행물 〈피보나치 계간지〉를 발간했을 정도이다.

| 여러 가지 수학 기호를 사용하다

(1) 분수에서 가로선을 사용하다

피보나치는 분수에 가로선을 사용하여 분자와 분모를 분리하여 구분했다. 그러나 피보나치가 처음으로 분수에 가로선을 사용한 것은 아니다. 가로선은 아라비아 수학자 알 하사르al-Hassar가 처음 사용한 것으로 보는데,

그도 항상 사용한 것은 아니다. 유럽으로 전파된 후에도 인쇄상의 어려움 등을 이유로 오랫동안 사람들이 잘 사용하지 않았다.

> **● 분수를 나타내는 기호 /**
> 3/4(4분의 3)과 같이 분수를 쓸 때 사용하는 경사진 사선은 1845년 드 모르간Augustus De Morgan이 제안하였다.

(2) 큰 수를 읽기 쉽게 구분하다

큰 수는 읽기가 어렵다. 지금은 1,234,567,890과 같이 세 자리마다 콤마(,)를 이용하여 구분하고 있는데, 피보나치는 $\overgroup{678}\ \overgroup{935}\ \overgroup{784}\ \overgroup{105}\ \overgroup{296}$과 같이 썼다.

(3) 제곱근 기호 R 또는 R

피보나치는 《실용 기하학Practica geometriae》(1220)이라는 책에서 제곱근을 의미하는 기호로 R 또는 R을 사용했다.

(4) 2차 방정식이 근을 2개 가진다는 것을 인식하다

피보나치는 아랍 수학자들처럼 2차 방정식이 2개의 근을 가진다는 것을 인식했다. 그는 습관적으로 음수 근을 거부했지만, 《꽃Flos》라는 책에서 재정 문제의 음수를 이익이 아닌 손실을 의미하는 것으로 해석했다. 이를 보면 피보나치가 기존 유럽 수학자들보다 음수에 대해 한 걸음 더 나아갔음을 알 수 있다.

| 멍청이 피보나치

뛰어난 재능의 소유자였던 피보나치의 명성은 이탈리아 전역에 퍼졌다. 그의 후원자는 시칠리아의 프리드리히 2세[Frederick II] 황제였다. 피보나치는 황제의 초대를 받아 참석했던 수학 시합에서 황제의 수행원이 낸 세 개의 문제를 모두 해결하여 더 큰 유명세를 얻기도 했다.

레오나르도 피보나치는 종종 자기 이름을 Leonardo Bigollo라고 쓰고는 했다. 비골로[bigollo]는 '여행자' 또는 '멍청이'를 의미한다. 그가 어느 대학에서도 교육을 받지 않았다는 이유로 당시 교수들이 그를 낮춰 부른 것이다. 오늘날에는 멍청이가 무엇을 할 수 있는지 배운 사람들에게 보여주기 위해 피보나치가 그런 이름을 사용했다고 여긴다.

피보나치는 유럽 수학 부흥의 선구자이고, 당시 그에 필적하는 수학자는 없었다. 그의 책에 기술된 수학 내용이 당시 아라비아 수학자들의 수준을 능가했던 것은 아니지만, 그들을 모방만 한 것이 아니라 고대 지식을 독자적으로 발전시켰다는 점에서 훌륭했다. 그의 많은 증명은 매우 독창적이었고, 가끔씩은 그 결과도 독창적이었다.

| 평생 수학 연구에 헌신하다

피보나치는 1225년 《제곱의 책[Liber quadratorum]》을 출판하여 자신을 후원했던 프리드리히 2세 황제에게 헌정했다. 1228년에는 《산반의 책》을 수정하여 황제의 수석학자인 미하엘 스코트에게 헌정했다.

그는 생애 마지막 몇 년 동안 피사 정부의 재정 및 회계 관련 업무를 맡았으며, 1240년에는 피사 공화국이 레오나르도 비골로라는 이름으로 그에게 훌륭한 시민상을 수여하고 정기적으로 급여를 지급하였다. 한평생 수학 연구에 매진했던 그는 1250년에 세상을 떠났다.

1 한 쌍의 토끼가 있다. 이 한 쌍의 토끼는 매달 암수 한 쌍의 새끼를 낳으며, 새로 태어난 토끼 쌍도 태어난 지 두 달 후부터 매달 한 쌍씩 암수 새끼를 낳는다고 한다. 갓 태어난 한 쌍의 토끼로부터 시작하여 1년이 지났을 때, 토끼는 어떤 과정을 거쳐 총 몇 쌍이 되는가?

2 어떤 왕이 과수원으로 30명을 보내 나무를 심게 했다. 만약 그들이 9일 동안 1,000그루의 나무를 심을 수 있다면, 36명이 4,400그루를 심는 데는 며칠이 걸릴까?

   ＊ 이 문제는 피보나치의 《산반의 책》에 실린 문제이다.

풀이

1 233쌍. 문제의 토끼는 태어난 지 두 달 후부터 새끼를 낳으므로 1달 후에도 여전히 한 쌍이다. 2달 후에는 토끼 한 쌍이 암수 새끼 한 쌍을 낳아 총 두 쌍이 있다. 3달 후에는 원래 토끼 한 쌍이 한 쌍을 낳고, 2달째 태어났던 한 쌍은 새끼를 낳지 않아 총 토끼 세 쌍이 된다. 이 토끼들은 피보나치 수열에 따라 늘어나고 있다. 피보나치 수열은 첫 번째, 두 번째 항의 값이 1이고 그 뒤의 모든 항은 바로 앞의 항 두 개를 더한 값과 같다.
   1, 1, 2, 3, 5, 8, 13, 21, 34, 55, 89, 144, 233 …
   이렇게 1년 후, 즉 12달 후는 수열의 13번째 항에 해당하므로 토끼는 총 233쌍이 된다.

2 33일. 30명이 하루에 심을 수 있는 나무는 $\frac{1000}{9}$ 그루이다. 즉, 1명이 하루에 심을 수 있는 나무는 $\frac{1000}{270}$ 그루이다. 그러므로 36명이 하루에 심을 수 있는 나무는 $\frac{1000}{270} \times 36 = \frac{400}{3}$ (그루)이다. 결국 36명이 4,400그루를 심는 데는 $4400 \div \frac{400}{3} = 4400 \times \frac{3}{400} = 33$ (일)이 걸린다.

피보나치도 완벽하지는 않았다

피보나치는 비판받기도 하는데, 그것은 바로 단위분수를 광범위하게 사용했다는 점이다. 피보나치는 마치 고대 이집트 사람처럼 일반 분수를 서로 다른 단위분수의 합으로 나타내는 방법을 제시했다. 이에 사용한 공식은 다음과 같다.

$$\frac{1}{n} = \frac{1}{n+1} + \frac{1}{n(n+1)}$$

이 공식을 이용해서 $\frac{2}{19}$ 를 서로 다른 단위분수의 합으로 고쳐보자.

$$\frac{2}{19} = \frac{1}{19} + \frac{1}{19} = \frac{1}{19} + \frac{1}{19+1} + \frac{1}{19 \times 20} = \frac{1}{19} + \frac{1}{20} + \frac{1}{380}$$

일반 분수로 훨씬 간단하게 쓸 수 있는데도 복잡한 단위분수의 합을 썼으니, 비판받을 만하지 않은가?

7

카르다노

Girolamo Cardano

3차 방정식의 공식을 증명한
이탈리아의 천재

1501~1576

$5 + \sqrt{-15}$

$5 - \sqrt{-15}$

| 병약하고 예민했던 수학 교사

지롤라모 카르다노는 1501년에 이탈리아의
파비아에서 정식으로 결혼하지 않은 아버지와
어머니 사이에서 태어났다. 카르다노는 어머
니가 그를 임신했을 때 온갖 독한 약을 먹은 탓
에 병약하게 태어나 평생 육체적 고통에 시달
렸다고도 한다.

쿠퍼(R. Cooper)가 점각한 카르다
노(17세기)

카르다노는 밀라노에 있는 의과 대학에 여
러 차례 입학을 지원했으나 사생아와 도박꾼
이라는 이유로 끝내 입학을 거절당했다. 결국 그는 파비아 대학교에 들어
가서 의학을 공부하고 파도바 대학교로 옮겨서 약학을 공부했다.

결혼 후에는 수학 교사가 되어 수학을 연구하고 시골에서 의사 생활도
하였다. 1544년에는 밀라노 대학교에서 기하학 교수로 근무했다. 이탈리
아의 천재라고 하면 레오나르도 다 빈치와 함께 반드시 거론되는 인물 중
한 명이다.

| 의사로서의 업적

카르다노는 수학자로 알려져 있으나 의사로서도 유명하다. 감염성 질환인 장티푸스를 처음 발견하였고, 호흡기 질환인 천식을 치료하는 방법을 고안해 냈다. 그는 1552년에 10년 동안이나 천식에 시달리고 있던 스코틀랜드 대주교인 존 해밀턴을 치료해 준 후 의사로서의 명성을 얻게 되었다. 또한 카르타노는 탈장• 수술법도 개발했다.

| 3차 방정식을 푸는 방법을 발견한 타르탈리아

$ax^2 + bx + c = 0$과 같은 2차 방정식은 어떻게 풀까? 아마 중학교 수학까지 배웠다면 인수분해••를 하거나 근의 공식을 이용해서 근을 구할 것이다. 그러면 $ax^3 + bx^2 + cx + d = 0$과 같은 3차 방정식의 근은 어떻게 구할까? 인수분해가 되지 않으면 근을 구할 수 없을 것이다. 그런데 이런 3차 방정식을 푸는 방법에 관한, 아주 안타까우면서도 흥미진진한 역사가 있다. 그 중심에는 타르탈리아Niccolò Tartaglia와 카르다노가 있다.

3차 방정식은 고대 바빌로니아 사람들도 풀 수 있었다. 도형을 이용하여 기하학적으로 해결한 것이다. 3차 방정식을 대수적으로 해결한 것이 16세기 이탈리아 수학자들이다. 방정식의 계수만을 이용하여 근을 구했

• 장기의 일부가 원래 있어야 할 장소에서 벗어난 상태.
•• 인수분해: 정수 또는 정식을 몇 개의 간단한 인수의 곱의 꼴로 바꾸어 나타내는 일.

필립 갈레(Philips Galle)가 그린 타르탈리아의 초상(1572)

다는 것이다.

볼로냐 대학교의 수학 교수 페로 Scipio del Ferro는 이차항이 없는 $x^3+mx=n$과 같은 3차 방정식을 대수적으로 풀어냈다. 그는 1505년에 이 방법을 그의 제자인 플로리듀스 Floridus에게 비밀리에 알려주었다. 당시에는 서로 문제를 출제하고, 상대방이 낸 문제를 가장 빨리 푸는 사람에게 상금과 명예가 주어지는 수학 시합이 있었기 때문에, 새로운 문제 풀이 방법을 아무에게나 쉽게 공개하지 않았다.

1530년에 타르탈리아는 일차항이 없는 $x^3+px^2=q$와 같은 방정식을 해결하는 방법을 발표했다. 다만, 아직 완전한 방법은 아니었다. 그러자 플로리듀스가 $x^3+mx=n$와 같은 방정식의 해법을 알고 있다면서 타르탈리아에게 공개적으로 도전하였다. 그런데 시합을 며칠 앞두고 타르탈리아도 플로리듀스가 해법을 알고 있다고 말한 $x^3+mx=n$과 같은 방정식의 해법을 발견하였고, 결국 타르탈리아가 공개 시합에서 승리했다. 타르탈리아는 보완을 거듭하여 1541년에 $x^3+px^2=q$ 형태의 방정식의 일반적인 해법을 발견하였다.

3차 방정식의 공식을 증명한 이탈리아의 천재

| 3차 방정식 해법을 담은
카르다노의 《위대한 계산법》

타르탈리아가 3차 방정식의 해법을 발견했다는 소식을 들은 카르다노는 타르탈리아를 초대해서 자세한 내용을 알려달라고 부탁했다. 타르탈리아는 자신이 발견한 방법을 책으로 출판할 계획이라며 거절하였지만, 카르다노는 비밀을 지키겠다고 엄숙히 서약하고 마침내 3차 방정식의 해법을 얻어냈다.

그런데 얼마 후 카르다노는 타르탈리아가 3차 방정식의 해법을 최초로 발견한 것이 아니라는 소문을 들었다. 소문의 진위를 확인해 본 카르다노는 3차 방정식의 해법에서 획기적인 발전을 먼저 이룬 사람은 페로라고 결론짓고, 타르탈리아와 한 약속을 지킬 필요가 없다고 생각하게 되었다.

카르다노는 1545년 《위대한 계산법Ars Magna》이라는 책을 출판하면서 타르탈리아의 해법을 포함하였다. 그는 책에 '친구 타르탈리아에게서 $x^3 + px^2 = q$와 같은 특수한 3차 방정식의 해를 얻었다'라고 기술하였으나, '공식이 맞다'는 증명은 자신이 했다고 주장한다.

타르탈리아는 자신이 알려준 내용을 비밀로 하겠다던 약속을 깬 카르다노에게 분노하여, 카르다노와 그의 제자인 페라리에게 공개 도전한다. 그런데 페라리는 이미 4차 방정식의 해법까지 발견한 뒤였고, 카르다노는 이 방법도 《위대한 계산법》에 수록했다. 그 사실을 안 타르탈리아는 아무리 화가 났어도 결과가 뻔한 시합이 될 것이 분명하기에 공개 시합을 피할 수밖에 없었다.

카르다노는 타르탈리아와의 약속을 깨트렸고, 타르탈리아의 업적을 가로챈 격이기도 하여 비난받아 마땅하다. 그러나 카르다노가 3차 및 4차 방정식의 일반 이론을 여는 데 크게 기여한 것도 분명하다.

카르다노가 《위대한 계산법》에서 도입한 혁신 중 하나는 3차 방정식을 2차 항이 없는 방정식으로 변형하는 기법이었다. 예를 들어, $x^3 + ax^2 + bx + c = 0$ 형태의 방정식이 있다고 하자. 이때 $x = y - \dfrac{a}{3}$로 치환하면 $y^3 + py = q$와 같이 2차 항이 없는 형태의 방정식이 된다. 2차 항이 없는 3차 방정식의 근을 구하는 방법은 타르탈리아를 통해서 이미 알고 있었기 때문에 모든 3차 방정식을 대수적 방법으로 풀 수 있게 된 것이다.

이러한 이탈리아 수학자들의 노력 이후, 수학자들은 5차 이상의 고차 방정식을 대수적으로 해결하는 방법에 관심을 가지게 되었다. 그리고 19세기에 노르웨이의 수학자 닐스 헨리크 아벨Niels Henrik Abel은 5차 이상의 방정식은 대수적 방법으로는 근을 구할 수 없다고 증명했다.

| 허수의 등장

카르다노의 창의성은 '방정식의 근의 개수'와 '허수'를 인식한 데서 찾아볼 수 있다.

카르다노는 3차 방정식이 3개의 근을 가진다는 것을 처음으로 인식했다. 3차 방정식의 근의 개수를 3개라고 생각하기 위해서는 음수인 근이나 허수인 근을 생각해내야 한다.

3차 방정식의 공식을 증명한 이탈리아의 천재

음수는 오래 전에 등장하였으나 당시 유럽 수학자들은 아직 음수를 받아들일지 말지 고민하고 있었다. 그래서 3차 방정식도 $x^3-18x+8=0$의 -18처럼 계수가 음수가 되지 않도록 $x^3+8=18x$와 같이 나타내었다. 이처럼 수학자들은 음수를 매우 꺼렸고, 방정식에서 양의 근에만 관심을 가졌다. 카르다노는 음수인 근에 주목한 첫 번째 수학자이다.

카르다노는 또한 허수, 즉 제곱해서 음수가 되는 수에 주목했다. 어떤 수를 제곱하여 음수가 되는 수에 대해서는 고대 그리스의 수학자 헤론이 기록한 바가 있으나, 당시 수학자들은 그러한 수를 제대로 인식하지 못했다. 카르다노는 2차 방정식 $x(10-x)=40$의 근으로 $5+\sqrt{-15}$와 $5-\sqrt{-15}$를 제시하였다. $5+\sqrt{-15}$와 $5-\sqrt{-15}$를 곱하면 $25-(-15)=40$이 된다고 한 것이다.

카르다노는 이러한 해법을 '계산을 수행할 수 없기 때문에 아주 기교적'이라고 하였는데, 그 역시 음의 근이나 허수를 받아들이기 쉽지 않았다는 것을 느낄 수 있다. 그런데도 이러한 수에 주목하고 계산까지 한 것은 대단한 도전이자 발전이라고 할 수 있다.

| 확률론을 정리해 낸 도박꾼

카르다노는 명망 높은 수학자이자 의사였지만 그의 개인적 삶은 불행했다고 할 수 있다. 그래서일까? 카르다노는 평생 도박에 빠질 정도로 심각한 도박 중독자였다.

카르다노는 특히 주사위 던지기 게임을 좋아했다. 그는 도박을 잘하기 위한 방법을 찾다가 《우연의 게임에 관한 책》을 쓰기에 이르렀다. 이 책은 확률론을 최초로 체계화한 책이다. 카르다노는 1550년경 이 책의 원고를 썼는데, 그가 죽은 후 원고가 발견되어 1663년에 출판되었다. 이 책은 확률론의 발전에 기여한 페르마와 파스칼Pascal보다 50여 년 앞서 확률 이론의 기반을 마련했다.

이 책에는 확률 게임 및 기초 확률 이론과 관련된 최초의 합리적인 고려 사항이 포함되어 있다. 카르다노는 확률을 '동일하게 일어날 수 있는 사건의 비율'이라고 대략적으로 정의했다. 지금 표현을 빌렸을 때 '각 근원사건이 일어날 가능성이 모두 같을 정도로 기대될 때, 사건 A가 일어날 확률은 $\frac{\text{사건 A가 일어날 경우의 수}}{\text{일어날 수 있는 모든 경우의 수}}$'라는 수학적 확률과 매우 비슷한 표현이다.

당시 확률에 관해 생각하기 어려웠던 데는 이유가 있다. 우선, 당시 사용하던 주사위는 지금처럼 정교하게 만들어진 것이 아니기 때문에 주사위를 던질 때 각각의 눈이 나올 확률이 지금처럼 $\frac{1}{6}$이라고 할 수가 없었다. 그러니 특정한 규칙을 찾아보기도 어려웠다.

또한 확률을 생각하는 데 중요하게 작용하는 것은 '우연'과 '무작위'인데, 그 당시까지 사람들은 모든 것이 신의 결정이라고 생각했다. 기독교 영향을 받았든 고대 점술 사상을 따르든 어쨌든 하나님이나 다른 신들이 지상의 사건들을 지휘하고 있다고 믿은 것이다. 그러니 우연이나 무작위라는 개념은 생각하기도 힘든 것이었다.

이러한 환경에서 카르다노가 공정한 주사위, 우연적 사건을 생각해냈다는 것은 놀라운 일이다. 그래서 그를 현대 확률 이론의 아버지라고 부르기도 한다.

| 작가로서의 삶

카르다노는 수학, 점성술, 음악, 철학, 의학을 포함한 다양한 주제에 관해 글을 썼다. 그의 작품 중 131개가 그가 살아있을 때 출판되었고, 111개는 출판되지 않고 원고 형태로 존재했으며, 만족스럽지 못한 170개의 원고는 불태웠다고 한다.

> **● 카르다노의 이름을 딴 이음매**
>
> 카르다노는 힘과 운동의 관계를 연구하는 역학에서도 업적을 남겼다. 그는 자신의 이름을 붙인 '카르단 조인트'라는 이음매를 만들었고, "천체를 제외하고는 영속적인 운동은 없다"라고 주장하기도 했다. 카르단 조인트는 지금도 사용하고 있다.

| 종교에 심취했던 삶과 죽음

카르다노는 돈도 많이 벌고 유명세도 얻었지만, 그의 출생에 얽힌 문제와 병약함 등을 포함하여 그의 삶은 그리 행복하지만은 않았던 것 같다. 그는 거친 성격으로 친구도 별로 없었다. 게다가 자기 아들이 살인죄로 처형당하는 모습을 지켜봐야 했던 일도 있었다.

이런 현실에서 벗어나고 싶었던 것일까, 카르다노는 점성술과 도박에 심취하였다. 그는 점성술, 꿈, 부적, 손금, 전조, 미신을 굳게 믿었으며 이러한 주제에 관해 책도 많이 썼다. 카르다노는 이러한 신비술이 항해나 의학과 마찬가지로 확실한 것이라고 주장했다. 그는 무언가를 결정할 때 징조와 운세를 살펴보았고, 《예수 그리스도의 별점》이라는 책을 출판했다가 이단죄로 투옥되기도 했다.

카르다노는 점성술로 자신이 1576년 9월 21일에 죽는다고 예언하였는데, 자신의 예언이 옳다는 것을 증명하기 위해 바로 그날 로마에서 자살하였다.

3차 방정식의 공식을 증명한 이탈리아의 천재

1 $x^3+3x^2-3x-5=0$이 있을 때 $x=y-1$로 치환하여 삼차항이 없는 방정식으로 변형해 보라.

2 $(3+\sqrt{-5})\times(3-\sqrt{-5})$를 계산해 보자.

풀이

1 x에 $y-1$을 대입하여 주어진 방정식을 계산하면 다음과 같다.

$$x^3+3x^2-3x-5 = (y-1)^3+3(y-1)^2-3(y-1)-5$$

$$= (y^3-3y^2+3y-1)+3(y^2-2y+1)-3y+3-5=y^3-6y$$

그러므로 $y^3-6y=0$이다.

2 $(3+\sqrt{-5})\times(3-\sqrt{-5})=3\times3+3\sqrt{-5}-3\sqrt{-5}-(\sqrt{-5})^2=9-(-5)=14$

말을 더듬은 수학자

타르탈리아의 본명은 니콜로 폰타나Niccolò Fontana이고, 타르탈리아는 '말더듬이'라는 뜻이다. 그가 어릴 적 루이 12세의 프랑스 군대가 그의 고향을 점령했을 때 머리에 상처를 입었는데, 어머니의 간호로 간신히 살아 남았지만 이때부터 말을 더듬게 되어 말더듬이라는 별명으로 불리게 되었다.

그는 매우 가난하였기 때문에 학교에 갔을 때 책을 훔쳐 공부하고, 묘지의 묘비를 연습장 삼아서 공부하였다고 한다. 타르탈리아는 포탄이 날아갈 때 발사각이 45°일 때 가장 멀리 날아간다는 사실도 알아내었다. 다만 증명하지는 못했는데, 이에 대한 증명은 훗날 갈릴레이가 하게 된다.

3차 방정식의 공식을 증명한 이탈리아의 천재

8

비에트

François Viète

미지수를 알파벳으로 나타내다

1540~1603

$$\frac{2}{\pi} = \sqrt{\frac{1}{2}} \times \sqrt{\frac{1}{2} + \frac{1}{2}\sqrt{\frac{1}{2}}} \times \sqrt{\frac{1}{2} + \frac{1}{2}\sqrt{\frac{1}{2} + \frac{1}{2}\sqrt{\frac{1}{2}}}} \times \cdots$$

| 취미로 한 수학 연구

프랑수아 비에트는 책을 쓸 때 자기 이름을 라틴어로 '프란치스코 비에타'라고 써서 비에타라고도 불린다. 비에트는 1540년 프랑스 북동부 퐁트네에서 태어났다. 변호사였던 아버지에게 영향을 받았던 것일까? 비에트는 푸아티에 대학교에서 법학을 공부했다. 젊었을 때 고향에서 변호사로 일한 비에트는 정치 경력을 쌓은 뒤 브르타뉴 의회 의원이 되었다. 1580년에는 파리에서 국가 평의회 고문이 되었고 나중에는 왕의 고문 기관인 추밀원의 의원이 되었다.

《수학자들의 역사(Histoire des Mathématiciens)》(1766)에 실린 프랑수아 비에트의 초상

이러한 환경에서 프랑수아 비에트는 대부분의 여가 시간을 수학 연구에 바쳤다. 특히 1584년부터 1589년까지는 정치적인 이유로 공직에서 물러났는데, 그 때부터는 전적으로 수학에 전념하였다고 한다. 친구였던 수학자 로마누스 Adrianus Romanus에게 보낸 편지에서 자신은 '수학자가 아니라 단지 여가 시간에 수학 공부를 즐기는 사람에 불과하다'고 했을 정도로 그는 수학 연구를 취미 활동이라고 생각하며 자기 책을 자비로 인쇄하고 배포하기도 했다. 그러나 취미라고는 해도, 비에트는 수학에 몰두했을 때는

미지수를 알파벳으로 나타내다

며칠 동안 서재에 틀어박혀 나오지 않을 정도였다고 한다.

비에트는 주로 대수학에 관해 글을 썼지만 달력과 기하학을 포함하여 수학 전반에 관심이 있었다. 1594년에는 그레고리력으로 달력을 개혁하는 데 관련하여 클라비우스와 격렬한 논쟁을 벌였는데, 이때 비에트는 클라비우스에 대한 극심한 적대감과 완전히 비과학적인 태도를 보여 악명을 얻기도 했다.

│ 수학에 여러 기호를 도입하다

비에트는 우리가 현재 사용하는 연산 기호●를 비롯하여 많은 기호를 도입했다. 그중 우리에게 익숙한 것들을 보자.

프랑수아 비에트는 1551년 쓴 책에 덧셈 기호로 +, 뺄셈 기호로 −를 사용했다. 계산식에 등장하는 대괄호([ ])와 중괄호({ })는 1593년경 만들었다.

우리가 '같다'는 의미로 사용하는 등호(=)는 비에트가 만들지 않았다. 비에트는 aequalis, aequalia처럼 '같다'는 의미의 단어를 사용했다. 이후 같다는 의미의 기호로 ~를 사용했다. 1646년에는 어느 것이 더 큰지 모를 때 두 수의 차를 나타내는 기호로 지금 우리가 지금 사용하는 등호보다 조금 더 긴 ══를 사용했다.

비에트 이전에는 어떤 값의 거듭제곱을 표현할 때 서로 다른 말이나 기

● 　연산 기호: 연산(식이 나타낸 일정한 규칙에 따라 계산함)에서 쓰이는 여러 가지 기호. +, -, ×, ÷ 등이 있다.

호를 사용하였다. 예를 들어 $4x^7=108x^7$는 '4 sex. aequantur 108 ter.'로 썼다. 그러나 비에트는 같은 문자를 사용했다. 예를 들어 x, x^2, x^3을 각각 A, A quadratus, A cubus 등과 같이 나타냈고, 나중에는 이것을 좀 더 간단하게 A, Aq, Ac, Aqq 등과 같이 나타냈다. 아직 언어적 대수에서 완전히 벗어나지는 못했지만 같은 문자를 사용한 것은 큰 발전이었다.

비에트는 $a^3+3a^2b+3ab^2+b^3=(a+b)^3$을 다음과 같이 나타냈다.

a cubus + b in a quadr. 3 + a in b quad. 3 + b cubo aequalia $\overline{a+b}$ cubo.

거듭제곱을 현재와 같이 나타내는 것은 데카르트 덕분이다. 데카르트는 1637년에 출판한 책에서 x, xx, x^3를 썼다. x^2이 아니라 xx라고 표현한 것이 눈에 띄는데, xx라 쓴다고 해서 x^2보다 공간을 더 많이 차지하는 것이 아니기 때문일 수도 있고, x^2보다 인쇄하기도 편해서일 수도 있다.

│ 알고 있는 양을 기호로 나타내다

당시 대수학에서는 미지의 양만을 기호로 나타냈는데, 비에트는 알고 있는 양도 기호로 나타내었다. 미지의 양은 알파벳의 모음(a, e, i, o, u)으로, 알고 있는 양은 자음(b, c, d, f…)으로 나타낸 것이다.

비에트의 모음과 자음 표기법이 오래 가지는 않았다. 비에트가 죽은 지 반세기도 지나지 않아 데카르트가 미지의 양은 알파벳의 뒤쪽 문자들(x,

　　　　　　　　　　　　　　미지수를 알파벳으로 나타내다

y, z 등)을, 알고 있는 양은 알파벳의 앞쪽 문자들(a, b, c 등)을 사용했기 때문이다. 오늘날 우리는 데카르트의 방법을 사용한다.

그런데 이렇게 알고 있는 양을 기호로 나타내는 게 대단한 일일까? 그렇다. 이 방법은 수학적 사고의 추상화에 결정적인 변화를 가져왔다. 예를 들어 $3x^2+5x+10=0$은 이차 방정식의 구체적인 하나의 예시이다. 이 방정식을 해결한다고 해도 그 해결 방법을 다른 방정식에 일반화하기는 어렵다. 하지만 문자를 사용한 방정식 $ax^2+bx+c=0$으로는 모든 2차 방정식을 한 번에 고려할 수 있고 2차 방정식의 일반적인 성질을 탐구할 수 있다.

● **현대 대수학**

비에트 이전에는 대수학이 계산 중심이었다. 비에트가 변수●의 개념을 도입하면서 연산의 성질을 연역적이고 엄밀한 논리를 이용하여 탐구하는 학문으로 변화하게 되었다. 이러한 학문을 현대 대수학이라고 한다.

● **대수학은 '발견의 수단' 이다!**

대수학을 뜻하는 algebra라는 단어는 아라비아 수학자 알 콰리즈미의 이름에서 유래했다고 앞서 설명했다. 비에트는 이 단어가 아무 의미가 없으며, 대수학은 발견의 수단으로서 '해석'이라는 용어를 사용하자고 제안했다.
비에트의 제안은 받아들여지지 않았지만 18세기에 유명한 백과사전을 쓴 프랑스 수학자 달랑베르 d'Alembert는 '대수학'과 '해석'을 동의어로 사용했으며, 기하학의 한 분야로서 해석기하학이라는 이름이 사용되게 되었다.

● 변수: 어떤 관계나 범위 안에서 여러 가지 값으로 변할 수 있는 수.

| 실패한 다항식 인수분해

비에트는 다항식을 인수분해하는 방법도 연구했다. 앞서 타르탈리아는 치환하여 2차 항을 없애서 3차 방정식을 풀었다. 비에트는 그와 달리 $x^2+5x+6=(x+2)(x+3)$처럼 모든 다항식을 1차 인수로 인수분해하려고 했다.

그러나 성공하지는 못했다. 관련 이론이 충분하지 않았기도 하지만, 비에트도 당시 대부분 수학자처럼 양의 근을 제외한 모든 것을 거부했기 때문이다. 이후에도 여러 수학자가 이런 풀이 방법을 탐구하였으나 훗날 5차 이상의 방정식은 인수분해 방법으로 해결할 수 없다고 밝혀졌다.

| 원주율 π 에 대한 공식을 만들다

비에트는 고대 그리스 시대부터 수학자들이 도전하였던 3대 작도 문제● 중에서 '원과 넓이가 같은 정사각형을 작도'하는 문제를 다루다가 다음과 같은 공식을 만들었다.

> ● **원주율**
>
> 원주율(圓周率)은 원의 지름에 대한 원주(원둘레)의 비율이다. 파이(π, pi)라고도 불리며, 그 값은 약 3.14 이다.

$$\frac{2}{\pi} = \sqrt{\frac{1}{2}} \times \sqrt{\frac{1}{2}+\frac{1}{2}\sqrt{\frac{1}{2}}} \times \sqrt{\frac{1}{2}+\frac{1}{2}\sqrt{\frac{1}{2}+\frac{1}{2}\sqrt{\frac{1}{2}}}} \times \cdots$$

● 　유클리드의 3대 작도 불가 문제(39쪽). 작도해 보려고 하였으나 답을 찾지 못해서 난제(어려운 문제)라고 생각했는데, 훗날 작도할 수 없다는 것이 밝혀져서 '작도 불가 문제'라고 불리게 되었다.

기원전 240년경 아르키메데스가 '정육각형에서 시작해 변의 수를 2배로 늘려가면서 정96각형을 만들어서 원주율이 $3\frac{10}{71}$과 $3\frac{1}{7}$ 사이에 있다'고 한 이후, 그러니까 약 1800년 이후였다.

비에트의 원주율 공식은 원주율에 대한 최초의 공식이면서, 무한 과정의 곱의 형식으로 된 최초의 공식이다.

이전에는 원을 직접 그려서 원주율을 구했다. 그러나 비에트 이후에도 오일러, 라이프니츠, 존 월리스 등이 원주율을 더욱 효율적으로 구하는 공식을 만들어내면서 원주율을 기하학적으로 구하는 것이 아니라 계산으로 구하는 시대가 열리게 되었다.

| 외교에서도 빛을 발한 비에트의 수학 실력

하루는 베네룩스 제국(오늘날 네덜란드, 벨기에, 룩셈부르크 지방)의 외교관이 프랑스의 왕 앙리 4세에게 "프랑스에는 1593년에 베네룩스의 수학자 로마누스가 제시한 45차 방정식의 근을 구할 수 있는 사람이 아무도 없지 않습니까?"하고 뽐냈다. 그 식은 아래와 같았다.

$$x^{45}+45x^{43}+945x^{41}-\ldots-3795x^3+45x=K$$

이에 비에트가 불려 나갔다. 그는 방정식에 삼각함수가 관련되어 있다는 것을 인식하고, 이 방정식을 5차 방정식과 두 개의 3차 방정식으로 분해하면 문제를 풀 수 있음을 알게 되었다. 비에트는 단지 몇 분 만에 두 개의 근을 찾아냈고, 나중에는 21개의 근을 더 찾아냈다(음수 근은 무시하여 찾지 않았다).

이번에는 비에트가 로마누스에게 '주어진 세 개의 원에 접하는 원을 작도'하는 아폴로니우스의 문제를 풀어 보라고 도전장을 냈다. 로마누스는 유클리드 도구, 즉 눈금 없는 자와 컴퍼스만을 가지고는 해를 구할 수 없었다.

당시 비에트의 우아한 해결책에 깊은 인상을 받은 로마누스는 퐁트네를 방문하여 비에트를 만났고, 그 후 두 사람은 깊은 우정을 맺었다고 한다.

비에트가 스페인의 암호문을 해독한 일화도 눈여겨 볼만하다. 프랑스가 스페인과 전쟁 중이었던 1590년, 비에트는 앙리 4세를 위해 수백 개의 문자로 된 스페인의 암호문을 해독하는 데 성공했다. 그 결과 프랑스가 전쟁에서 큰 이득을 보았다. 스페인 왕 펠리페 2세는 그 암호문이 절대로 해독될 수 없다고 확신했었기 때문에 교황에게 프랑스가 기독교 신앙의 실천에 어긋나는 마법을 사용하고 있다며 불평했다고 한다.

| 비에트의 영향

데카르트는 수학에 관해 "비에트가 중단한 부분에서부터 시작한다"라고 말했다고 한다.

비에트 이전에는 수학의 여러 공식이나 풀이 방법이 글로 쓰였는데, 비

미지수를 알파벳으로 나타내다

에트 이후 문자와 기호를 사용하게 되었다. 이후 데카르트, 라이프니츠 등 많은 수학자들이 이 기호들을 개량하고 개발했다. 이렇게 적절한 기호를 사용하면 기억하기도 좋고, 공식을 읽고 이해하는 데 드는 노력이 많이 절약된다.

또한 기호를 사용하면서 수학적 과정을 기계화할 수 있었기 때문에 사고와 과정이 단순해지고 마음의 큰 노력이 필요하지 않게 되었다. 그래서 오늘날 비에트를 현대 대수학의 장을 연 인물로 평가하는 것이다.

비에트는 "풀 수 없는 문제는 없다"라고 말했다. 끈기 있게 노력하면 어떤 문제든 풀 수 있다는 격려의 말이다.

1 3차 방정식 $x^3+x^2-10x+8=0$의 근을 1차 인수로 인수분해하여 구하시오.

힌트 상수항 8의 약수가 되는 x를 식에 대입해보자.

2 비에트가 발견한 다음 원주율 공식에서 4번째에 곱해질 수를 쓰시오.

$$\frac{2}{\pi}=\sqrt{\frac{1}{2}}\times\sqrt{\frac{1}{2}+\frac{1}{2}\sqrt{\frac{1}{2}}}\times\sqrt{\frac{1}{2}+\frac{1}{2}\sqrt{\frac{1}{2}+\frac{1}{2}\sqrt{\frac{1}{2}}}}\times\cdots$$

풀이

1 $f(x)=x^3+x^2-10x+8$라고 하면 상수항 8의 약수인 ±1, ±2, ±4를 대입했을 때 $f(1)=0$, $f(2)=0$, $f(-4)=0$임을 알 수 있다. 그러므로 $f(x)=x^3+x^2-10x+8=(x-1)(x-2)(x+4)$와 같이 인수분해됨을 알 수 있다. 따라서 3차 방정식 $f(x)=x^3+x^2-10x+8=0$의 근은 1, 2, -4임을 알 수 있다.

2 $\frac{2}{\pi}=\sqrt{\frac{1}{2}}\times\sqrt{\frac{1}{2}+\frac{1}{2}\sqrt{\frac{1}{2}}}\times\sqrt{\frac{1}{2}+\frac{1}{2}\sqrt{\frac{1}{2}+\frac{1}{2}\sqrt{\frac{1}{2}}}}\times\sqrt{\frac{1}{2}+\frac{1}{2}\sqrt{\frac{1}{2}+\frac{1}{2}\sqrt{\frac{1}{2}+\frac{1}{2}\sqrt{\frac{1}{2}}}}}\times\cdots$ 이므로 4번째에 곱해

질 수는 $\sqrt{\frac{1}{2}+\frac{1}{2}\sqrt{\frac{1}{2}+\frac{1}{2}\sqrt{\frac{1}{2}+\frac{1}{2}\sqrt{\frac{1}{2}}}}}$이다.

수학자들은 왜 달력을 두고 논쟁했을까?

달력을 만드는 방법을 '역법'이라고 한다. 우리가 지금 사용하는 달력은 그레고리 역법에 따른 것이다. 1594년 프랑스는 율리우스력에서 그레고리력으로 역법을 바꾸었다. 이 과정에서 비에트와 클라비우스는 격렬한 논쟁을 벌였다고 하는데, 이 두 역법의 차이는 무엇일까?

율리우스력은 고대 로마 황제인 율리우스 카이사르가 기원전 46년에 제정해 기원전 45년부터 시행했다. 율리우스력 1년은 365일 또는 366일(4년에 한 번)이다. 이렇게 하면 1년은 정확하게 365.25일이 된다.

그러나 실제로 1년은 365.2422일이기 때문에 기원전 45년부터 서기 1582년까지 약 1600년이 흐르는 동안에 실제 태양 회귀년보다 10일 이상 늦어지는 상황이 벌어지게 되었다. 그래서 그레고리 교황 13세는 '1582년 10월 4일 목요일' 바로 다음 날을 '1582년 10월 15일 금요일'로 지정하는 긴급조치를 취하고 새로운 역법을 제정하는데, 이 역법을 그레고리력이라고 한다.

그레고리력은 다음과 같은 원칙을 가지고 있다.

1. 4년에 한 번씩 윤년(1년 366일)을 두어 2월 28일 다음 날을 2월 29일로 한다. 이것은 율리우스 역법과 동일하다.
2. 연도의 수가 100의 배수인 해(1900년, 2100년, 2200년, …)는 예외적으로 평년(1년 365일)으로 한다.
3. 연도의 수가 100의 배수이지만 400의 배수가 되는 해(1600년, 2000년, 2400년, …)는 윤년으로 한다.

수와 논리로
세상을 풀다

오일러

Leonhard Euler

수학자들의 영웅

1707~1783

$$e^{ix} = \cos x + i \sin x$$
$$e^{\pi i} + 1 = 0$$

| 신학보다 수학이 좋았던 소년

레온하르트 오일러는 1707년에 스위스의 바젤에서 목사의 아들로 태어났다. 오일러의 아버지는 아들이 목사가 되기를 원했고, 오일러는 13살 때 바젤 대학교의 신학부에 입학했다. 그러나 수학에 대한 열정이 컸던 오일러는 결국 수학을 전공하게 된다. 오일러는 그곳에서 요한 베르누이Johann Bernoulli라는 수학자를 만났다.

베르누이 집안은 소문난 수학자 집안이었다. 당시 요한과 그의 형 야곱Jacob Bernoulli은 독일의 미적분학의 창시자인 라이프니츠의 제자로서 유명한 수학자였다. 오일러의 아버지가 야곱의 제자이고, 오일러는 요한의 제자가 되었으니 두 집안의 인연이 꽤나 깊었다.

요한 루돌프 후버(Johann Rudolf Huber)가 그린 요한 베르누이의 초상화, 1740년경, 바젤대학교

오일러는 1723년 석사 학위를 받았다. 당시 오일러는 그의 능력을 알아본 요한에게 토요일 오후마다 개인 교습을 받았다. 오일러가 목사가 아니라 수학자의 길로 가게 된 것도 바로 베르누이 집안의 강력한 설득 덕분이기도 했다. 재미있는 일화로는 오일러가 요한에게 자주 질문을

수학자들의 영웅

스위스의 베르누이 일가는 인류 역사상 유례를 찾아볼 수 없는 수학 천재 가문이다. 아래에 이름이 굵게 표시된 8명은 모두 유럽에서 정교수까지 되었는데, 당시 유럽의 수학 정교수 자리는 모두 합쳐 10개가 되지 않았다고 한다.

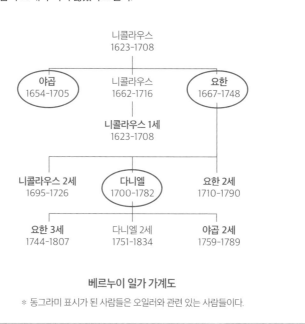

베르누이 일가 가계도

＊ 동그라미 표시가 된 사람들은 오일러와 관련 있는 사람들이다.

해서 요한을 짜증나게 했다고 한다. 그리고 하찮은 문제로 스승을 괴롭혀서는 안 되겠다고 생각하여 가능한 한 스스로 문제를 해결하려고 결심했다고 한다.

요한의 아들로는 니콜라우스 2세, 요한 2세 그리고 다니엘이 있었다. 베르누이 일가 중 수학의 발달에 가장 큰 영향을 미친 사람은 다니엘인데, 오일러는 다니엘과 친해지면서 수학에 더욱 전념하게 되었다.

야코프 에마누엘 한드만(Jakob Emanuel Handmann)이 그린 레온하르트 오일러의 초상화, 1753, 쿤스트뮤지엄 바젤

1726년 오일러는 음향의 전파를 다룬 논문으로 박사 학위를 받았다. 1727년에는 파리 아카데미 문제 풀이 경연대회에서 2위를 차지했는데, 이후 매년 열리는 이 대회에서 12번이나 수상을 했다.

28살 때는 당시 다른 수학자들이 몇 달 동안이나 끙끙대며 풀지 못하던 문제를 3일 만에 풀어 사람들을 놀라게 하였다. 그러나 이때 너무 과로하여 오른쪽 눈의 시력을 잃기도 하였다.

| 러시아와 프러시아에서의 삶

20살이 되던 1727년, 오일러는 다니엘이 수학 교수로 근무하는 러시아의 상트페테르부르크 과학 아카데미에 니콜라우스와 다니엘의 추천으로 초청받았다. 그런데 니콜라우스가 충수염으로 사망하고 다니엘이 수학과 물리학부 교수직을 승계하면서 생리학 교수직이 공석이 되었다. 다니엘은 이 자리에 오일러를 추천했다.

오일러가 러시아에 도착하던 날, 그를 초청했던 캐서린 1세 여왕이 사망했다. 그 뒤를 이은 표트르 2세는 학문을 중시하지 않아서 대학의 예산을 대폭 삭감했다. 그 바람에 오일러와 동료들은 아주 어려운 시간을 보내

수학자들의 영웅

야 했다.

표트르 2세 사망 후에는 여건이 좀 나아졌고, 오일러는 1731년 물리학과 정교수가 되었다. 2년 후 다니엘이 바젤로 떠난 뒤에는 그를 대신해 수학부의 장까지 맡았다.

러시아의 억압적인 정치 상황에 싫증이 난 오일러는 1741년에 프러시아의 프리드리히 대왕의 초청을 받고 베를린 과학 아카데미로 자리를 옮겼다. 그러나 프리드리히 대왕과 불화가 생겨 오일러의 베를린 생활은 그리 행복하지 못했다. 대왕은 수학을 장려하는 것을 의무로 생각하기는 했지만 수학을 싫어했다. 심지어 오일러는 수학적 사이클롭스●라고 놀림을 받기도 했다.

프리드리히 대왕과의 관계가 더욱 악화되자 오일러는 59세가 되는 1766년에 다시 러시아로 돌아갔다. 이 시기에 그의 왼쪽 눈에는 백내장이 발병했고 몇 년 후에는 두 눈의 시력을 모두 잃고 이후 17년을 암흑 속에서 보냈다. 그러나 오일러는 1775년에는 매주 한 편의 논문을 작성할 정도로 연구에 몰두하기도 했다. 그렇게 오일러는 죽는 날까지 쉬지 않고 연구와 출판을 계속하였다. 오일러는 1783년, 손자와 함께 차를 마시다가 76세의 나이로 뇌출혈로 갑자기 사망했다.

● 그리스 신화에 등장하는 눈이 하나뿐인 거인.

| 다재다능했던 천재

오일러는 다방면에서 엄청난 재능을 가지고 있었다. 우선 그는 1만 3천 줄에 달하는 베르길리우스의 서사시 《아이네이스Aeneis》를 처음부터 끝까지 암송할 수 있었다고 할 정도로 기억력이 탁월했다.

암산 능력도 대단했다. 프랑스 학자인 아라고Francois Arago가 "오일러는 사람이 숨을 쉬듯이, 독수리가 하늘을 날듯이, 남이 보기에는 아무런 노력도 들이지 않고 계산을 한다"라고 말했을 정도다. 매우 어려운 계산도 암산으로 했는데, 무려 50자리까지도 정확하게 계산해 낼 수 있었다고 한다. 이러한 기억력과 암산력 덕분에 그는 두 눈이 다 멀었을 때도 연구를 계속할 수 있었다. 물론, 절망적인 상황에서도 좌절하지 않는 그의 성품이 더욱 중요하게 작용했겠지만 말이다.

오일러는 언어 능력도 뛰어났다. 18세기 유럽의 수학자들은 이 나라, 저 나라로 자주 이동하며 살았다. 오일러도 스위스에서 러시아로, 프러시아로 옮겨 살았으나 언어로 인한 불편함은 없었던 모양이다. 그는 보통 라틴어로 글을 쓰고 때로는 프랑스어로도 글을 썼는데, 그의 모국어는 독일어다.

오일러는 이렇게 뛰어난 재능을 가지고 있음에도 겸손하였고, 노력파이기도 했다. "그의 펜이 그의 지능을 능가하는 것 같다"라고 할 정도로 오일러는 엄청나게 많은 저술 활동을 했다. 그는 일생 동안 500권이 넘는 논문과 책을 출판했다. 오일러가 죽은 후에도 거의 반세기 동안 오일러의 작품이 상트페테르부르크 아카데미의 출판물에 계속해서 등장했다. 사후 출간된 것을 포함하여 오일러 작품의 서지 목록에는 886개의 항목이 있다. 그의 전집은 300쪽이 넘는 책 75권에 달하는데, 그가 평생 한 수학적 연구는 연간 평균 약 800페이지에 달했다. 지금까지도 오일러의 성과를 능가하는 수학자는 없다고 한다.

| 여러 가지 수학 기호

오늘날 우리가 사용하는 수학 기호 중에는 오일러가 처음 만든 것이 매우 많다. 우리에게 친숙한 기호 위주로 살펴보자.

(1) 오일러는 삼각형의 각과 대변•을 동일한 문자로 나타냈다. 각은 대문자 A, B, C로, 그 대변은 소문자 a, b, c로 지정하는 것이다. 별것 아닌 것처럼 보일지 몰라도 당시로서는 획기적인 생각이었다. 이 표기법은 각과 대변을 기억하기에 매우 효과적이다.

(2) 삼각형의 내접원과 외접원의 반지름은 각각 r과 R로, s는 삼각형 둘레의 반을 나타냈다. '삼각형 둘레의 반'은 삼각형의 넓이를 구하는 헤론의 공식••을 포함하여 여러 곳에 사용된다.

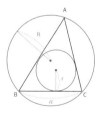

•   대변: 다각형에서, 한 변이나 한 각과 마주 대하고 있는 변.
••   헤론의 공식: 삼각형의 세 변의 길이를 통해 넓이를 구하는 공식.

(3) 합계를 나타내기 위해 사용하는 Σ(시그마)나 함수를 나타내는 $f(x)$도 오일러가 만든 기호이다.

오일러는 함수를 '평면에 자유롭게 그린 곡선 위의 두 점 좌표 사이의 관계'라고 생각했다. 다만 이 정의는 함수를 제대로 설명하지 않아서 오늘날 인정되지는 않는다.

(4) 오일러는 삼각법을 해석학의 한 분야로 다루었다. 그는 현재 우리가 사용하는 삼각함수의 약어로 sin., cos., tan., cot., sec., cosec.를 사용했다.

(5) 원주율 π는 영국의 수학자 오트레드^{William Oughtred}가 처음 사용했던 것으로 알려져 있다. 오일러는 원주율의 기호로 p와 c를 사용하다가 1737년에 π를 사용하기 시작했다. 그리고 오일러가 집필한 수학 교과서가 큰 인기를 얻었는데, 그 책에도 π가 사용되어서 이 기호는 원주율을 나타내는 기호로 널리 인정받게 되었다.

(6) 오일러는 21살 때 '그 로그값이 1이 되는 수를 e라고 하자'라고 제안했다. 그리고 그 값은 2.718281...이라고 했다. 오일러는 $e = \lim_{n \to \infty}(1+\frac{1}{n})^n$라는 공식을 이용하여 소수 23자리까지 값을 계산하였다. 그래서 e를 오일러의 수라고 부르기도 한다. 오일러는 e가 무리수일 것이라고 추론하였다.

그런데 오일러가 오일러의 수(e)를 처음 발견한 것은 아니다. 이를 발견한 것은 스위스의 수학자 야곱 베르누이이고, 오일러는 그 수를 e로 나타낸 것이다.

(7) 1748년에는 $\sqrt{-1}$를 i라고 나타냈고, $ii=-1$이라고 하였다. 오일러는 i를 무한수를 나타내는 기호로 사용하다가 나중에 허수를 나타내는 기호로 바꿨다고 한다.

이보다 앞서 오일러는 허수 지수도 사용하였다. 그는 1740년 요한 베르누이에게, 1741년 골드바흐 C.Goldbach에게 편지를 쓰면서 허수 지수를 사용하였다. 1743년에는 출판물에도 허수 지수가 등장했다.

| 수학 공식과 정리

수학이라는 학문은 대수학, 기하학, 미적분학 등 수많은 분야로 나눌 수 있다. 그리고 오일러는 거의 대부분 수학 분야에서 많은 공식과 정리를 발견하고 증명하였다.

(1) 그리스 시대에 피타고라스 학파는 수에 여러 가지 의미를 부여하면서 도형수, 친화수(우애수), 완전수 등을 찾으려고 노력했다. 오일러는 그중 친화수를 체계적으로 조사하여 1747년에 30쌍의 친화수를, 그리고 나중에 60쌍의 친화수를 발견하였다.

유클리드는 2^n-1이 소수이면 $(2^n-1) \times 2^{n-1}$은 완전수라고 주장하였는데, 오일러는 1757년에 모든 '짝수인 완전수'는 유클리드가 말한 형태가 됨을 증명했다.

(2) 오일러는 메르센 수에 대해서도 연구했다. 2^n-1와 같은 수를 메르센 수라고 한다.

1750년 오일러는 2^n-1이 소수임을 증명했고, 1772년에는 소수를 산출하는 공식으로 n^2-n+41을 제시했다. 그러나 이 공식은 n이 0부터 40 사이일 때는 옳았지만, n이 41일 때는 소수를 만들어내지 못했다.

(3) 연분수를 만들었다. 연분수는 분모가 정수와 분수의 합으로 연달아 표기되는 분수이다. 바로 이런 공식을 이용하여 e의 값을 구할 수 있게 된 것이다.

$$e = 2 + \cfrac{1}{1 + \cfrac{1}{2 + \cfrac{1}{1 + \cfrac{1}{4 + \cfrac{1}{\ddots}}}}} \qquad e = 2 + \cfrac{1}{1 + \cfrac{1}{2 + \cfrac{2}{3 + \cfrac{3}{4 + \cfrac{4}{\ddots}}}}}$$

(4) 데카르트는 1640년에 아래와 같이 주장하였다.

"단순 닫힌 다면체에서 꼭짓점, 모서리, 면의 수를 각각 v, e, f라고 할 때, $v-e+f=2$가 된다."

그러나 데카르트는 이를 증명하지는 못했다. 그리고 100년이 넘는 시간이 흐른 뒤 1751년, 오일러가 이를 처음으로 증명하였다. 이 공식을 이용하면 볼록인 정다면체가 5개뿐이라는 것이 증명된다.

(5) 삼각형의 외심과 무게중심, 수심이 모두 한 직선 위에 있다는 것을 증명하였다. 이 직선을 삼각형의 오일러 직선이라고 한다.

(6) 지수•와 로그••의 관계를 정립하였다.

오일러가 태어나기 훨씬 전에 네이피어John Napier라는 수학자가 로그를 만들었다. 그러나 당시에는 아직 지수 표기법이 유행하지 않았다.

오일러 이전에는 지수와 로그가 별개의 개념이었다. 그런데 오일러가 최초로 지수로부터 로그를 이끌어 낸 것이다.

우리는 로그를 지수의 다른 표현 방법이라고 이해하고, '$a^x = b$'일 때 $\log_a b = x$'로 알고 있는데, 이런 관계를 만든 것이 바로 오일러이다.

(7) 오일러 공식을 만들었다.

오일러 공식

$$e^{ix} = \cos x + i \sin x$$

• 　지수: 어떤 수나 문자의 오른쪽 위에 덧붙여 쓰여 그 거듭제곱을 한 횟수를 나타내는 문자나 숫자.
•• 　로그: 지수를 다른 방법으로 표현한 것.

이 오일러 공식은 삼각함수와 지수함수가 연결되는 것으로, 매우 중요한 의미를 지닌다.

또한 여기서 $x=\pi$일 때 오일러 항등식 $e^{\pi i}+1=0$이 나온다. 오일러 항등식은 수학에서 가장 기본적이고 중요하면서도 어울릴 것 같지 않은 이질적인 5개의 수 1, 0, π, e, i가 한데 어우러져서 '세상에서 가장 아름다운 공식'이라고 불리기도 한다.《박사가 사랑한 수식》이라는 소설의 모티브로 사용된 공식이기도 하다.

(8) '선분'으로 간주되던 사인sin, 코사인cos, 탄젠트tan 등이 '수'가 되었다.

(9) $\frac{1}{1^2}+\frac{1}{2^2}+\frac{1}{3^2}+\frac{1}{4^2}+\cdots$의 합을 구했다.

1673년 올덴부르크가 라이프니츠에게 편지를 보내 이 급수의 합을 질문하였는데, 라이프니츠는 대답하지 못했다. 1689년에는 야곱 베르누이도 이 급수의 합을 구하지 못하겠다고 인정했다. 그런데 오일러는 $\sin z = z - \frac{z^3}{3!}+\frac{z^5}{5!}-\frac{z^7}{7!}+\cdots$를 이용하여 이 급수의 합이 $\frac{\pi^2}{6}$임을 계산해냈다. 계속해서 오일러는 다음과 같은 급수의 합도 구했다.

$$\frac{\pi^2}{8}=\frac{1}{1^2}+\frac{1}{3^2}+\frac{1}{5^2}+\cdots$$

$$\frac{\pi^2}{12}=\frac{1}{1^2}+\frac{1}{2^2}+\frac{1}{3^2}+\frac{1}{4^2}+\cdots$$

(10) 이외에도 오일러는 감마 함수, 제타 함수, 오일러의 곱 등 현대 수학에서 중요하게 다루어지는 많은 것을 발견하였다.

| 쾨니히스베르그 다리 문제를 해결하다

유명한 철학자 칸트의 고향인 쾨니히스베르그라는 도시의 프레겔강에는 그림과 같이 7개의 다리가 놓여 있다. 많은 사람들이 '같은 다리를 두 번 이상 건너지 않고 모든 다리를 산책할 수 있는 방법'을 찾으려고 노력했다. 그러나 일일이 건너거나 그림을 그려보는 방법으로는 너무 복잡해서 답을 찾을 수 없었다.

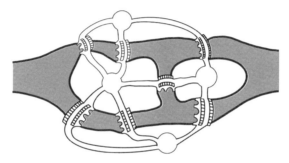

쾨니히스베르크의 프레겔강에는 7개 다리가 있다.

1736년 오일러는 이 쾨니히스베르그의 다리 문제의 답을 논문으로 발표했다. 오일러의 결론은 "그런 방법은 없다"였다. 그는 그 이유를 다음과 같이 설명하였다.

다리를 선으로, 땅은 점으로 바꾸면 쾨니히스베르그의 다리는 다음과 같이 간단하게 표현할 수 있다.

이제 이 문제는 연필을 떼지 않고 모든 선을 한 번씩만 지나면서 이 그림을 그릴 수 있느냐는 문제로 바뀐다. 이것은 중학교에서 배우는 한붓그리기 문제이다. 오일러는 한붓그리기를 할 수 있는 도형의 특징을 다음과 같이 정리했다.

홀수점의 수가 0개, 또는 2개인 도형만이 한붓그리기가 가능하다.

여기서 '홀수점'이란 점을 지나가는 선분의 개수가 홀수인 점을 말한다. 홀수점이 0개인 경우에는 출발점과 도착점이 일치하고, 홀수점이 2개인 경우에는 하나의 홀수점은 출발점이 되고, 다른 홀수점은 도착점이 된다.

쾨니히스베르그의 다리에는 홀수점이 4개 있으므로 한붓그리기가 불가능하다. 즉, 같은 다리를 두 번 이상 건너지 않고 모든 다리를 산책할 수는 없다는 결론이다.

오일러가 이 문제를 해결한 후 139년이 지난 1875년에 8번째 다리를 지어서 같은 다리를 두 번 이상 건너지 않고 모든 다리를 건널 수 있게 되었다고 한다.

이 문제를 풀 때 오일러는 다리가 연결된 땅은 점으로, 다리로 연결된 상태는 선으로 표현했다. 오일러의 이 발상은 '그래프 이론'과 '위상수학'이라는 수학의 새로운 분야를 탄생시켰다.

다음은 서울 전철 노선도이다. 승하차가 가능한 역을 점으로, 이들의 연결 상태를 선으로 표현한 것은 바로 오일러의 위상수학이 우리 생활에 활용되고 있는 예시이다.

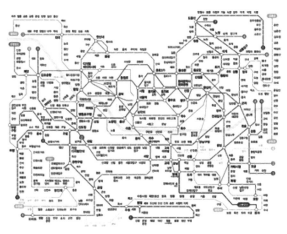

서울·수도권 지하철 노선도

| 과감하게 도전하던 수학자

오일러는 직관적으로 이해하는 데 도움이 된다고 판단하면, 수학적인 정의에 다소 모순되는 표현이라도 거리낌 없이 사용하였다. 이러한 과감성은 새로운 발견을 하는 데 많은 도움이 되기도 하였지만, 오류를 범하기도 했다.

오일러는 log0 같은 식도 빈번하게 사용하였고, '무한대 분의 1'을 서슴 없이 더하거나 빼기도 했다. 즉, 무한대를 수로 생각하여 계산하고는 한 것이다.

오일러는 대수학의 기본 정리를 연구할 때도 올바른 결론에 도달하기는 했지만, 증명 자체에는 오류가 있었다. 시간이 흐르고 20대 초반의 젊은 가우스가 이러한 점을 비판했다. 가우스는 오일러의 증명을 비판하며 유럽 전역에 이름을 알리기 시작했는데, 가우스의 증명에도 오류는 발견되었으니, 수학자들의 물고 물리는 노력으로 결국에는 수학이 발전하게 된다는 것이 신기하지 않은가?

| 많은 사람의 존경을 받다

오일러의 유명한 일화로 '신의 존재 증명'과 관련하여 디드로$^{Denis\ Diderot}$와의 이야기가 있다. 프랑스 출신의 디드로는 당시 유명했던 철학자이자 무신론자였다. 에카테리나 여제의 초청을 받아 러시아에 방문한 디드로가 러시아에서 무신론을 주장하고 다니자 여제는 오일러에게 이 문제를 해결하도록 부탁하였다.

오일러는 디드로에게 가서 다음과 같이 주장했다.

"선생님, $\dfrac{a+b^n}{n} = x$ 입니다, 따라서 신이 존재합니다."

그러자 수학을 잘 모르는 디드로는 아무 말도 못하고 그날로 짐을 싸서 프랑스로 돌아갔다고 한다. 그런데 이 일화, 특히 '디드로가 수학을 모른다'는 내용은 사실이 아니고 영국의 드 모르간Augustus De Morgan이라는 수학자가 조작한 것이라고도 한다.

또 다른 일화로, 예카테리나 대제의 딸인 다시코프 공주가 상트페테르부르크 과학원의 책임자로 취임할 때 존경하는 오일러를 옆자리에 앉히려고 하였다. 공주의 옆자리에 앉는 것은 큰 영예였기 때문이다. 그런데 그 자리에 슈텔린 교수가 먼저 앉아버리고 말았다. 그러자 공주는 오일러에게 "아무 자리에나 앉으세요. 당신이 선택한 자리는 그대로 영예의 자리가 될 것입니다"라고 말하며 오일러에게 극도의 존경심을 표시하였다고 한다.

프러시아의 프리드리히 대왕은 오일러를 싫어했지만, 러시아 사람들은 오일러를 존경했다. 오일러가 러시아를 떠나 프러시아에 가 있는 동안에도 계속 연금을 보낼 정도였다. 심지어 러시아가 프러시아를 침공했을 때 오일러의 농장이 약탈당했는데, 그 농장이 오일러의 것임을 알게 된 러시아 장군은 즉시 완벽하게 보상해 주었다. 러시아인들의 이러한 존경심이, 오일러가 러시아에서 일생을 마친 이유이기도 할 것이다.

오일러는 76세의 나이로 죽음을 맞이한 날에도 풍선의 낙하 법칙을 연구하고, 새로 발견된 천왕성의 궤도를 계산한 결과를 동료들과 이야기했다. 그 후 손자와 차를 마시다가 사망한 것이다. 프랑스의 철학자 니콜라 드 콩도르세Marquis de Condorcet는 오일러에게 바치는 추도사에서 오일러의 죽음을 묘사하며 "오일러는 생을 마쳤고 계산을 멈추었다"라고 말했다.

| 오일러의 영향

오일러가 현대 수학에 끼친 영향은 막강하다. 오일러는 18세기의 가장 유명한 수학자이자 가우스, 탈레스, 아르키메데스 등과 함께 역사상 가장 위대한 수학자로 여겨진다. 약 92권의 전집과 866편에 달하는 논문을 남긴 오일러는 그 어느 수학자보다도 많은 연구 업적을 남겼다.

오일러가 탄생한 지 300년이 된 지난 2007년에는 우리나라를 비롯하여 러시아, 프랑스, 스위스 등에서 오일러의 탄생을 기념하는 국제 행사가 열렸다.

노이만John von Neumann은 "뉴턴은 영국의 영웅이지만 오일러는 수학자에게 영웅이다. 뉴턴은 아르키메데스였고, 오일러는 피타고라스였다"라고 평가했다.

고대 유클리드 원론은 기하학의 초석이었고, 중세 알 콰리즈미의 논문 〈이항과 소거의 과학〉은 대수학의 초석이었다. 그리고 오일러의 〈무한에 대한 연구 개론〉은 해석학의 초석이라고 생각할 수 있다. 오일러의 이 연구는 18세기 후반에 걸쳐 수학이 급성장한 발전의 원천이 되었다고 평가받고 있다.

1 오일러가 만든 소수 산출 공식 n^2-n+41에서 $n=41$을 대입하여 얻은 수는 소수가 아니다. 왜 소수가 아닌지를 설명하라.

2 쾨니히스베르그의 7개의 다리가 왜 같은 다리를 두 번 이상 건너지 않고서는 모든 다리를 산책할 수 없는지 그 이유를 홀수점을 이용하여 설명하고, 한붓그리기가 가능하도록 다리를 하나 만들어보라.

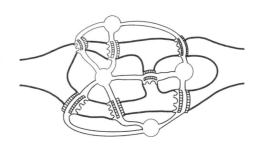

풀이

1 n^2-n+41에 $n=41$을 대입하면 $41^2-41+41=41^2$이므로 이 수의 약수는 1, 41, $41^2=1681$의 3개이다. 그러므로 이 수는 소수가 아니다.

2 아래 그림처럼 다리를 선으로, 땅은 점으로 바꾸면 점 A, B, C, D 모두가 홀수점이다. 홀수점이 없거나 2개일 때만 한붓그리기가 가능한데 홀수점이 4개이니 한붓그리기가 불가능하다. 두 홀수점을 잇는 다리를 하나 더 그리면 그 두 홀수점은 짝수점으로 변하게 되니 한붓그리기가 가능해진다. 예를 들어 그림의 파란 선과 같은 곳 어디든 다리를 만들면 된다.

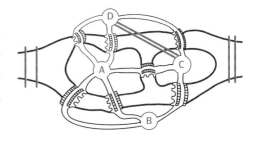

볼록 다면체 중에서 모든 면이 합동인 정다각형이고 각 꼭짓점에서 만나는 면의 수가 같은 다면체를 정다면체라고 한다. 정다면체는 정사면체, 정육면체, 정팔면체, 정십이면체, 정이십면체의 다섯 가지 종류가 있다.

| 정사면체 | 정육면체 | 정팔면체 | 정십이면체 | 정이십면체 |

고대 그리스 수학자들은 이미 정다면체가 다섯 가지뿐임을 알고 있었다. 또한 고대 그리스인들은 모든 물질이 물, 불, 흙, 공기의 4가지 원소로 구성되었다고 믿었다. 플라톤은 불은 정사면체, 흙은 정육면체, 공기는 정팔면체, 물은 정이십면체에 대응시키고, 정십이면체는 물, 불, 흙, 공기를 모두 포함하는 우주에 대응시켰는데, 이러한 대응은 모든 물질이 4개의 원소로 이루어졌다는, 그 당시의 우주관을 수학적으로 입증하려는 것이라고 할 수 있다.

리만

Georg Friedrich Bernhard Riemann

비유클리드 기하학으로 통념을 뒤집다

1826~1866

| 신학보다 수학

베른하르트 리만은 비非유클리드 기하
학이 발견된 시기에 독일 하노버의 조그
마한 마을에서 루터교 목사의 아들로 태
어났다. 그는 매우 검소한 환경에서 자랐
으며, 몸이 허약하고 수줍음이 많았다.

고등학교 시절에는 성경을 열심히 공
부하면서도 계속 수학에 관심을 가졌
다. 그는 성경의 창세기가 정확하다는
것을 수학적으로 증명할 생각까지 했다
고 한다.

요한 루돌프 후버(Johann Rudolf Huber)가
그린 요한 베르누이의 초상화, 1740년경,
바젤 대학교

19세가 된 리만은 아버지를 기쁘게 하려고 신학과 철학 전공으로 괴팅
겐 대학교에 입학했다. 하지만 여전히 수학에 큰 관심을 가진 리만은 틈틈
이 수학 강의에 참석했고, 마침내 그의 아버지도 아들의 열정을 인정하고
수학에 전념해도 좋다고 허락했다.

괴팅겐에서 1년을 보낸 리만은 그곳의 교육이 구식이라는 것을 알게 되
었다. 천재 수학자인 가우스Gauss조차도 초등 과정만 가르쳤다. 리만은 야
코비Jacobi, 디리클레Dirichlet, 아이젠슈타인Eisenstein과 같은 위대한 수학자 밑

비유클리드 기하학으로 통념을 뒤집다

에서 공부하기 위해 베를린으로 갔다가 1849년에 박사 학위 과정을 마치기 위해 괴팅겐으로 돌아왔다.

> ● 베를린에 수학 전성시대를 가져온 수학자들
>
> 야코비(1804-1851), 디리클레(1805-1859), 아이젠슈타인(1823-1852)은 베를린에 수학 전성시대를 형성한 수학자이다. 이들은 리만 등 훌륭한 인재를 길러냈다.

| 리만 곡면

리만은 가우스의 지도 아래 박사 학위 논문을 썼다. 그는 이 논문에서 '리만 곡면Riemann Surface'이라고 불리는 복잡한 곡면을 다루었다.

리만의 독창적인 아이디어에 지도교수인 가우스도 매우 흥분했다. 가우스는 교수진에게 제출한 공식 보고서에서 "리만은 그의 논문에서 철저하고 예리한 조사, 창의적이고 활동적이며 진정한 수학적 사고와 영광스럽고 풍부한 독창성에 대한 설득력 있는 증거를 제공한다"라고 진술하였다. 또한 가우스는 리만의 논문을 "박사 학위 논문이라고 볼 수 없는 대 논문"이라고 극찬하기도 하였다. 1851년에 박사 학위를 받은 리만은 이 연구로 곧바로 최고의 수학자로서 명성을 확립했다.

● **리만의 스승 가우스는 어떤 사람일까?**

가우스(Carolus Fridericus Gauss, 1777~1855)는 19세기 가장 위대한 수학자라고 불린다. 아르키메데스, 뉴턴과 더불어 3대 수학자로 꼽히기도 한다. 그는 어렸을 때부터 수학 신동이라고 알려졌다. 가우스가 10살 때 학교 선생님이 "1에서 100까지의 수를 더하라" 했을 때, 금방 다음과 같은 방법을 생각해 내서 답을 구했다는 이야기가 유명하다.

가우디의 초상(1887)

$$1 + 2 + 3 + \cdots + 99 + 100$$
$$100 + 99 + 98 + \cdots + 2 + 1$$

$$101 + 101 + 101 + \cdots + 101 + 101 = 101 \times 100 = 10100$$
그러므로 $1 + 2 + 3 + \cdots + 99 + 100 = 10100 \div 2 = 5050$

| 다른 교수들도 이해하지 못한 강의

가우스의 추천으로 리만은 1854년 괴팅겐 대학교의 강사가 되었다. 리만은 처음에 무급강사였는데, 무급강사는 대학에서 강의료를 받는 것이 아니라 그의 강의를 듣기로 선택한 학생들이 그에게 직접 지불한 비용으로 생계를 유지해야 하는 신분이었다.

리만은 관례에 따라 교수진 앞에서 수습 강의를 하여 강사로서의 능력을 입증하라는 요청을 받았다. 강의 전에 몇 개의 강의 주제를 제출하면 그중 하나를 교수들이 선택하고, 강의자는 선택된 주제로 강의를 해야 했다.

리만은 세 가지 주제를 제출했다. 두 개의 주제는 리만 자신도 충분히 준비가 되었다고 생각하는 것이었다. 마지막 주제는 그의 스승인 가우스가 60여 년 동안 연구해 온 기하학의 기초에 관한 것이었는데, 사실 리만 자신도 준비가 거의 되어 있지 않은 주제였다. 리만은 세 번째 주제는 선택되지 않을 것이라고 생각했다. 그러나 리만의 기대와 달리 가우스는 자신이 연구해 오던 주제라서 관심이 생겼는지 수습 강의 주제로 마지막 것을 선택했다. 리만은 빌헬름 베버의 수리 물리학 과정의 조수로 일하면서 이 수습 강의를 준비했는데, 준비도 덜 되었을 뿐 아니라 주제 자체도 어려워 일시적인 신경 쇠약까지 겪었다고 한다.

1854년 6월 10일, 리만은 '기하학의 기초를 이루는 가설에 관하여'라는 제목으로 수습 강의를 진행했다. 로바체프스키 기하학●보다 훨씬 더 일반적인 의미에서의 비유클리드 기하학을 다룬 강의였다. 이는 현대 수학사의 하이라이트 중 하나로 간주될 획기적인 내용이었다.

리만은 강의에 참석한 교수들의 수준에 맞게 구체적인 공식이나 예시를 강의에 거의 포함하지 않았다. 그러나 리만이 예상했던 것과는 달리, 그 자리에 참석한 어느 교수도 리만의 기하학 접근 방식을 이해하지 못했다고 한다. 오직 가우스만이 이해했다는 이야기도 있으나, 베버는 가우스조차도 당황했다고 말했다.

리만은 강의를 마치면서 '가치 없는 주제'에 대해 강의한 것을 사과했다고 한다. 아마 자신이 충분히 준비가 않은 상태로 진행한 강의여서 그랬을

● 로바체프스키 기하학: 러시아의 수학자 로바체프스키(1792~1856)가 발표한 비유클리드 기하학.

것이다. 그러면서 리만은 "언젠가는 물리 법칙의 탐구에서 유클리드 기하학 이외의 기하학이 필요할 것"이라는 말을 덧붙였다. 이 강의는 역사상 가장 유명한 수습 강의가 되었다고 한다.

| 유클리드 기하학과 비유클리드 기하학

(1) 유클리드 기하학

유클리드 기하학은 고대 그리스의 수학자 유클리드가 체계화한 수학 체계이다. 그는 13권의 《원론》이라는 책을 썼는데, 23개의 정의와 5개의 공준, 5개의 공리로 시작한다.•

그중 5번째 공준은 다음과 같다.

두 직선에 걸쳐 있는 직선이 같은 쪽에 있는 내각의 크기의 합을 두 직각보다 작게 만들면, 두 직선은 무한히 연장했을 때 합이 두 직각보다 작은 쪽에서 만난다.

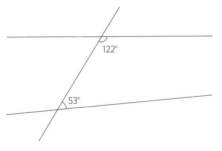

이 두 각의 크기의 합이 180°보다 작으니까, 이 두 직선은 오른쪽에서 만난다.

•　144쪽에서 자세히 설명한다.

이 공준은 다른 네 개의 공준에 비해 복잡하고 어려웠다. 뿐만 아니라 이 공준은 명제에 가까워 보인다. 그리고 유클리드가 이 공준을 제1권의 명제 29에 도달할 때까지 사용하지 않았기 때문에 수학자들은 이 공준이 정말 필요한 것인가 하는 의심도 하였다.

수학자들은 이 공준을 좀 더 간단하고 납득할 만한 것으로 대체하려고 노력했다. 그중 가장 잘 알려진 대체 공준은 플레이페어^{John Playfair}의 다음과 같은 평행선 공준이다.

직선 밖의 한 점을 지나 이 직선에 평행한 직선은 하나뿐이다.

이 공준을 다른 공준으로부터 이끌어 내려는 시도는 2000년 넘게 계속되었다. 그 과정에서 많은 중요한 결과를 얻어내기는 하였지만, 결국에는 모두 실패했다.

(2) 비유클리드 기하학

비유클리드 기하학은 앞서 본 유클리드 기하학의 다섯 번째 공준을 부정하며 만든 기하학이다. 플레이페어의 평행선 공준을 부정하면 다음 두 가지 가능성이 나온다.

① 직선 밖의 한 점을 지나 이 직선에 평행한 직선은 하나도 없다.
② 어떤 직선과 어떤 점이 있어서, 이 점을 지나면서 이 직선과 평행인 직선이 두 개 이상 존재한다.

비유클리드 기하학을 최초로 인식한 사람은 가우스이지만 그는 워낙 소심하고 완벽을 추구하는 사람이라 평생 동안 이 문제에 관해 아무것도 발표하지 않았다.

로바체프스키Nikolai Lobachevsky는 1826년에 '주어진 한 직선에 대하여 주어진 한 점을 지나면서 주어진 직선과 만나지 않는 직선을 두 개 이상 그릴 수 있다'라는 가정에 기초한 평행선 원리를 제시했고, 1829~1830년에 이를 발표했다.

보여이Bolyai János는 21살 때 로바체프스키와 거의 동시에 비유클리드 기하학의 원리를 발견했다. 그는 1832년에 아버지 책의 부록에 자신의 결과물을 발표했다. 로바체프스키와 보여이의 기하학은 앞의 두 번째 가능성에 근거한 비유클리드 기하학이다.

리만은 1854년 수습 강의에서 앞의 첫 번째 가능성에 근거한 비유클리드 기하학을 제안했다. 리만은 유클리드 기하학에서 사용하는 '평면'과 '직선'을 다르게 해석했다. 구의 표면을 평면으로, 구의 대원을 직선으로 대체한 '구면 기하학'을 제안한 것이다.

1871년 클라인Felix Klein은 유클리드의 기하학을 '포물선 기하학', 로바체프스키와 보여이의 기하학을 '쌍곡선 기하학', 리만의 기하학을 '타원 기하학'이라고 이름 붙였다. 다음 그림을 보면 알 수 있듯이 각각의 기하학에서는 평행선의 개수와 삼각형의 세 내각의 크기의 합이 다르다.

	유클리드 기하학	쌍곡선 기하학	타원 기하학
평행선	단 한 개 존재한다.	수없이 많이 존재한다.	존재하지 않는다.
삼각형의 세 내각의 합	- 180° - 삼각형의 넓이에 관계없이 세 내각의 크기의 합은 일정하다.	- 180°보다 작다. - 삼각형의 넓이가 커질수록 세 내각의 크기의 합은 작아진다.	- 180°보다 크다. - 삼각형의 넓이가 커질수록 세 내각의 크기의 합은 커진다.
모형			

| 위상수학에 기여하다

위상수학•은 오일러가 1736년 쾨니히스베르그의 다리 문제를 해결하면서 태어났다. 100여 년이 지난 1847년, 가우스의 제자 중 리스팅J.B.Listing이 이 주제를 다룬 첫 번째 책 제목에 위상수학topology이라는 단어를 사용했고, 그렇게 '위상수학'이라는 용어가 등장하게 되었다.

리만은 복소함수 이론 연구에 위상수학 개념을 도입하였고, 수습 강의를 통해 위상수학을 더 높은 차원으로 끌어올렸다.

• 위상수학: 도형을 자르거나 붙이지 않고, 늘리거나 구부리는 등의 변형을 가해도 변하지 않는 본질적인 성질을 연구하는 기하학.

| 수학계의 악명 높은 난제, 리만 가설

'리만 가설'은 아래와 같다.

리만 제타 함수를 0이 되게 하는 자명하지 않은 모든 복소수 근의 실수부는 $\frac{1}{2}$이다.

리만 가설은 수학계의 악명 높은 난제이다. 아직 증명도, 반증도 되지 않아서 '가설'이라고 한다. 리만의 이 가설은 오일러에서부터 시작한다.

오일러는 1740년경에 다음과 같은 제타 함수를 도입했다.

$$\frac{1}{1^s} + \frac{1}{2^s} + \frac{1}{3^s} + \frac{1}{4^s} + \cdots$$

* 이때 s는 실수이다.

오일러는 2, 3, 5, 7, 11과 같은 소수의 역수의 합, 즉 $\frac{1}{2} + \frac{1}{3} + \frac{1}{5} + \frac{1}{7} + \frac{1}{11} + \cdots$ 이 한없이 커진다는 것을 증명하려고 이 함수를 이용했다.

리만은 s를 실수만이 아니라 복소수로 확장한 제타 함수를 사용하여 소수 정리를 증명하려고 시도했다. 그러나 정작 위의 가설은 증명하지 않았는데, 리만은 "전체적으로 봤을 때 논문에서 별로 중요하지 않은 내용"이라서 이를 증명하지 않았다고 한다.

미국 클레이수학연구소는 세계 7대 수학 난제에 상금 100만 달러를 걸었는데, 리만 가설도 그중 하나이다. 독일의 수학자 힐베르트^{David Hilbert}가

"1000년 뒤에 내가 다시 살아난다면 가장 먼저 리만 가설이 증명됐는지 물어볼 것이다"라고 말했다는 이야기도 있다. 그만큼 많은 수학자들이 이 가설을 증명하려 시도했고, 오늘날에도 여러 수학자가 도전하고 있다. 특히, 현대 암호 체계가 소수에 기반을 두고 있기 때문에 리만 가설이 참인지는 매우 중요한 문제라고도 한다.

| 리만이 없었다면
아인슈타인의 상대성 이론도 없었다

리만은 물리 법칙에 관한 연구가 그의 주요 관심사였다고 말했을 정도로 물리학에 관심이 많았다. 그 결과 리만은 '리만 공간' 또는 '다양체의 곡률'과 같은 개념을 만들어냈는데, 이 개념이 없었다면 아인슈타인의 일반 상대성 이론은 공식화될 수 없었을 것이다.

사실 알베르트 아인슈타인Albert Einstein은 일반 상대성 이론을 만들면서 기존의 기하학으로 시공간의 휘어짐을 표현하는 데 어려움을 겪고 있었다. 그러다가 스위스의 수학자인 마르셀 그로스만Marcel Grossmann의 조언을 듣고 리만 기하학을 이용해 일반 상대성 이론을 완성했다. 리만 기하학이 등장한 지 60년 정도 지난 뒤였다. 그래서 버트런드 러셀Bertrand Russell은 리만을 "논리적으로 아인슈타인의 바로 전임자"라고 묘사하기도 했다.

| 완벽을 추구하다

리만은 어려서부터 계산 능력도 뛰어났지만 끈질기게 노력하는 성격이기도 했다. 게다가 완벽함을 추구하는 성격이었다. 그의 유품에서는 온갖 계산 과정이 적혀 있는 수많은 종이가 발견되기도 하였다. 한 편의 논문을 발표하기 전에도 계속해서 수정과 검토를 했기 때문에 평생 발표한 논문이 열편도 되지 않는다. 대신 그 논문들은 하나하나가 최고의 논문이라고 평가받는다.

리만은 가우스와 디리클레의 뒤를 이어 괴팅겐 대학교의 정교수가 되었다. 그러나 당시 리만은 이미 결핵에 걸려 죽어가고 있었다. 그는 따뜻한 이탈리아에서 요양을 하다가 39세의 나이로 사망했다.

안타깝게도 리만이 죽은 후 그의 가정부가 집을 정리하면서 리만의 미완성 논문들을 태워 버렸다. 리만이 조금 더 오래 살았다면, 혹은 미완성 논문들이 남아 있었더라면 어땠을까?

1 지구 위에 다음 그림처럼 삼각형 ABC를 만들었다. 이 삼각형의 세 내각의 크기의 합이 얼마인지 생각해 보자. 그리고 점 C가 대원을 따라 오른쪽으로 이동할 때 생기는 삼각형의 내각의 크기의 합이 어떻게 될지 생각해 보자.

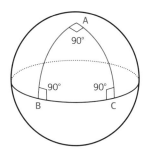 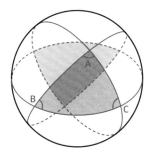

2 완벽함을 추구한 리만의 삶과 다소 과감해 보이는 오일러의 삶을 비교해 생각해 보자.

풀이

1 ∠A, ∠B, ∠C는 모두 90°이다. 세 각의 크기의 합은 270°로, 우리가 알고 있는 삼각형의 세 내각의 크기의 합과는 다르다. 이것은 유클리드 기하학과 구면 기하학의 차이로 볼 수 있다. 만약 점 C가 대원을 따라서 오른쪽으로 이동하면, ∠A의 크기가 90°보다 더 커지기 때문에 삼각형의 세 내각의 크기의 합은 270°보다 커진다. 점 C가 왼쪽으로 이동한다면, 삼각형의 세 내각의 크기의 합은 270°보다 작아질 것이다.

2 누구의 삶이 더 옳거나 바람직하다고 할 수는 없다. 각자 생각해 보고, 부족하다고 생각하는 점을 보완하며 열심히 살면 좋을 것이다!

유클리드의 《원론》은 23개의 정의와 5개의 공준, 5개의 공리로 시작한다. **공준은 가정하는 것**을 말하는데, 다음 5가지이다.

1. 임의의 한 점에서 다른 점까지 직선을 그릴 수 있다.
2. 선분은 직선으로 연장할 수 있다.
3. 임의의 점을 중심으로 하고 임의의 거리를 반지름으로 하는 원을 그릴 수 있다.
4. 모든 직각은 서로 같다.
5. 두 직선에 걸쳐 있는 직선이 같은 쪽에 있는 내각의 크기의 합을 두 직각보다 작게 만들면, 두 직선은 무한히 연장했을 때 합이 두 직각보다 작은 쪽에서 만난다.

공리는 일반적인 개념을 말하는데, 다음과 같다.

1. 같은 것과 같은 것들은 서로 같다.
2. 같은 것에 같은 것을 더하면 그 합은 서로 같다.
3. 같은 것에서 같은 것을 빼면 그 차는 서로 같다.
4. 서로 일치하는 것들은 서로 같다.
5. 전체는 부분보다 크다.

칸토어

Georg Ferdinand Ludwig Philipp Cantor

집합론을 창시하고 무한을 연구하다

1845~1918

| 음악가 집안에서 태어난 수학자

게오르그 칸토어는 1845년 러시아 상트페테
르부르크에서 6형제 중 첫째로 태어났다. 러시
아인 어머니는 바이올린 연주자이자 음악교사
였다. 외할아버지도 유명한 바이올린 연주자였
으며, 칸토어도 어릴 때부터 음악적 재능이 뛰
어났다. 그래서 칸토어는 바이올린 연주자가
되는 것도 고민했었다. 실제로 칸토어의 동생
은 지휘자가 되어 오스트리아 빈에 음악학교를
설립하기도 했다.

1910년경의 칸토어

칸토어의 아버지는 독일인으로, 부유한 상인이자 주식 중개인이었다.
칸토어가 열한 살이 되던 해 아버지가 병에 걸려 러시아의 추운 겨울을 피
해 온 가족이 독일로 이사하였다. 칸토어는 수학자가 되고 싶어 했는데,
그의 아버지는 수입이 더 좋은 공학을 공부하도록 권하였다. 결국 칸토어
는 1862년 취리히 연방 공과대학교에 입학했다. 그러나 수학 공부를 그만
두지 않는 아들을 보고 아버지도 마음을 바꾸었고, 칸토어는 이듬해부터
베를린 훔볼트 대학교에서 수학을 공부하기 시작했다.

훔볼트 대학교는 당시 유럽 수학 연구의 중심지 중 하나였다. 칸토어는

집합론을 창시하고 무한을 연구하다

그곳에서 크로네커, 바이어슈트라스Karl Weierstrass, 쿠머 등 당시 최고의 수학자들에게서 수학을 배웠다. 칸토어는 수학 외에도 철학, 물리학 등을 공부하였는데, 이를 통해 수학적 상상력을 키울 수 있었다. 칸토어는 1867년, 22세의 나이로 '정수론'에 대한 논문을 써서 박사학위를 받았다.

칸토어는 훔볼트 대학교에서 교수로서 학생들을 가르치고 싶어 했으나 지도교수였던 크로네커와 사이가 좋지 않아서 뜻을 이루지 못했다. 크로네커는 수학의 구성주의를 지향했지만 칸토어는 구성주의와는 반대인 집합론을 연구했기 때문이다. 1869년 할레 대학교에서 교수가 되기 위한 자격을 얻은 칸토어는 34세의 나이에 정교수가 되었고, 이후 평생을 할레 대학교에서 보낸다.

| 정신병에 시달리다

칸토어는 집합과 무한에 관해 연구하였는데, 무한에 관한 그의 주장은 너무 획기적이어서 여러 수학자들에게 비판을 받았다. 프랑스의 수학자이자 물리학자인 앙리 푸앵카레Henri Poincaré 역시 칸토어를 싫어했다. 이러한 상황 탓에 할레 대학교에서 교수로 있던 동안 칸토어는 우울증 증세를 보이며 정신병원에 입원과 퇴원을 반복하게 된다. 그래도 대학에서는 교수직을 유지할 수 있게 해 주어 칸토어는 수학 연구를 계속 할 수 있었다.

1904년 칸토어는 런던 왕립 협회가 매년 수여하는 수학상 실베스터 메달을 받았다. 이 상은 1897년 옥스퍼드 대학교의 기하학 석좌교수인 제임스 조지프 실베스터[James Joseph Sylvester]가 사망한 뒤 그의 이름을 따서 만든 것이다. 3년마다 수여하기로 하여 1901년 푸앵카레가 처음 받았고, 칸토어가 2번째 수여자였다.

1913년에 대학교에서 은퇴한 그는 제1차 세계 대전 동안 궁핍함과 영양 부족에 시달리다가 1918년 1월 6일 정신병원에서 사망했다. 그가 마지막에 부인에게 남긴 편지에는 정신병원에서 내보내달라는 내용이 있었다고 한다.

| 집합론을 만들다

집합론은 〈실수 대수 체계의 성질에 대하여〉(1874)라는 칸토어의 논문에서 탄생하였다. 그는 우리가 고등학교에서 배우는 집합, 합집합, 교집합을 정의하였다. 그러나 본질적으로 칸토어의 집합론은 '무한'에 관한 이론이다.

칸토어는 이후 20여 년 동안 무한의 크기를 비교하면서 '초한수' 개념을 이끌어 낸다. 초한수는 원소가 무한개인 집합의 크기를 나타내는 수이다. 모든 유한한 수보다는 크지만, 절대적 무한은 아니다. 초한수라는 단어는 칸토어가 절대적 무한과 구별하기 위해 처음 사용한 용어이다.

칸토어가 쓴 〈초한수 집합론의 기초에 대한 기여〉(1895)라는 논문을 통해 집합론은 수학적 학문으로서 자율성을 얻었다. 칸토어의 집합론에서는 역설이 나타나기도 했지만, 집합론은 이제 수학의 거의 모든 분야에 침

투해 있다. 특히 위상수학과 실수함수 이론의 기초에서 중요한 것으로 입증되기도 했다.

| 일대일 대응으로 탐구하는 무한의 세계

칸토어는 평생을 무한에 대해서 연구하였다. 무한을 탐구하는 도구는 일대일 대응이다. 일대일 대응이란, 다음 그림과 같이 두 집합 X, Y의 모든 원소가 정확히 하나씩 짝이 지어지는 관계 f를 말한다.

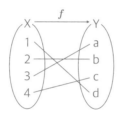

일대일 대응이 그리 특별한 개념처럼 보이지는 않아도, 미지의 세계를 탐구하는 데 매우 유용하고 중요한 수단이다. 예를 들어, 두 사람이 사탕을 나눠 가졌을 때 누가 더 많이 가져갔는지를 알려면 각자 가져간 사탕의 수를 세어보면 된다. 그런데 두 사람이 각각 사탕을 12개, 15개 가졌다고 생각해 보자. 이때 1부터 10까지만 셀 수 있는 어린이처럼 큰 수를 잘 모르는 사람은 12개와 15개 중 어느 쪽이 더 많은지 알아보기 위해 각각을 하나씩 대응시켜 보아야 한다. 그렇게 일대일 대응 후 남는 것이 있는 쪽이 더 많은 것이 된다. 무한의 세계를 탐구하려면 이런 대응이 절대적으로 필요하다.

원소의 개수가 유한인 두 집합 사이에 일대일 대응이 존재하면 두 집합의 원소 개수는 같은 것이다. 무한의 세계에서도 두 집합 사이에 일대일 대응이 존재하면 두 집합의 원소 개수가 같다고 할 수 있다. 이때 그 집합의 크기를 칸토어는 '파워power'라고 했다. 지금은 '카디널리티(기수) cardinality'라고 한다.

| '무한'을 정의하기까지

사람들은 아주 오래전부터 '무한'을 연구했다. 기원전 450년경에는 그리스의 제논Zenon이 '무한집합의 수의 성질이 유한집합의 수의 성질과 아주 다르다'는 역설을 제안했다. 그러나 오래도록 아무도 이 역설을 해결하지 못했다.

16세기가 되어 갈릴레오는 아래와 같이 '자연수의 집합이 그 부분집합인 제곱수의 집합과 일대일 대응할 수 있다'는 또 다른 놀라운 무한 역설을 제안했다.

$$
\begin{array}{cccccccc}
1 & 2 & 3 & 4 & 5 & & n & \\
\updownarrow & \updownarrow & \updownarrow & \updownarrow & \updownarrow & \cdots & \updownarrow & \cdots \\
1 & 4 & 9 & 16 & 25 & & n^2 &
\end{array}
$$

이 역설은 '전체가 항상 그 부분 중 어느 것보다도 더 크다'라는 유클리

집합론을 창시하고 무한을 연구하다

드의 5번째 공리를 위반하는 것이었다. 갈릴레오는 이 문제를 설명하지 못하고 더 이상의 탐구를 그만두었다. 이는 1870년대가 되어 수학자들이 밝혀낸 무한집합의 속성이었다.

1872년 이전에는 그 누구도 무한이 무엇인지 정확하게 설명하지 못했다. '무한한 힘', '무한히 큰 크기' 정도가 고작이었다. 1872년 독일의 수학자 리하르트 데데킨트 Richard Dedekind 는

무한집합을 정의한 리하르트 데데킨트

무한집합을 정의했는데, 쉽게 설명하면 무한집합은 '전체와 부분이 일대일 대응된다'는 것이다. 유한집합에서는 일어날 수 없는 일이었는데, 무한집합에서는 갈릴레오가 제안했던 예시처럼 가능한 일이다.

데데킨트가 논문을 발표하고 2년 후인 1874년, 결혼한 칸토어는 신혼여행 때 신부를 데리고 스위스 인터라켄으로 가서 데데킨트를 만났다. 두 사람은 무한에 대한 서로의 생각을 나누고 학문적 동료가 되었다. 칸토어도 무한집합에 관해 데데킨트와 비슷하게 생각하였으나 모든 무한집합이 동일하지 않다고 생각했다.

이후 칸토어는 제곱인 수의 집합, 자연수의 집합, 유리수의 집합이 모두 일대일 대응이 가능하며, 그렇기 때문에 같은 기수를 가진다는 것을 밝혔다. 또한 단위 선분의 점의 집합과 단위 정사각형, 단위 정육면체의 점의 집합 사이에도 일대일 대응이 가능하다는 것을 밝혔다.

당시로서는 상식을 넘어서는 놀라운 결과였기 때문에 칸토어는 1877년

데데킨트에게 보낸 편지에 "나는 그것을 알았지만 믿을 수 없다"라고 쓰고는 그에게 증거를 확인해 보라고 요청했다. 출판사들도 칸토어의 논문을 받아들이는 것을 매우 주저했으며, 편집자들은 어떤 오류가 숨어 있지는 않을까 하는 걱정으로 칸토어의 논문을 게재하는 것을 여러 차례 미루었다.

칸토어는 동시대 사람들에게 연구 결과의 타당성을 설득하는 데 많은 노력을 기울여야 했다. 왜냐하면 당시 사람들에게는 무한에 대한 두려움이 있었고, '완전한 무한'을 받아들이는 것을 꺼렸기 때문이다.

| 무한에서의 순서, 초한 서수

칸토어는 '초한 서수'도 만들었다. 앞서 살펴본 기수는 자연수로 된 집합에서 원소의 개수에 해당한다. 서수는 원소들의 순서에 해당한다.

사실 유한에서는 기수와 서수를 구분하는 것이 큰 의미가 없다. 하지만 무한에서는 이 구분이 사소하지 않다. 예를 들어, 유한에서의 서수는 $3+4=4+3$과 같이 교환법칙이 성립한다. 하지만 무한에서의 서수는 교환법칙이 성립하지 않는다. 원소의 개수가 무한개인 자연수 집합의 서수를 ω라고 하면 $1+\omega=\omega$가 되지만 $\omega+1$은 ω보다 크게 되기 때문이다.

이는 지금까지 수학에서 개척되지 않았던 완전히 새로운 분야였다. 이렇게 칸토어는 초한수 이론을 개발하였고, 실무한을 다루면서 초한수의 계산 방법을 만들어냈다.

집합론을 창시하고 무한을 연구하다

| 칸토어를 지지하는 사람들, 비난하는 사람들

데데킨트와 칸토어는 당시 가장 유능하고 독창적인 수학자였지만, 두 사람 모두 아주 높은 자리까지 오르지는 못했다. 데데킨트는 중등학교에서 아이들을 가르치는 데 거의 평생을 보냈다. 칸토어가 1881년 할레 대학교의 교수직을 그에게 수여하려 하였으나 데데킨트는 이를 거부하였고, 이후 둘 사이의 편지 교환도 중단되었다.

칸토어의 연구 결과에 동의하지 않았던 수학자 레오폴드 크로네커(1865)

칸토어의 독창성은 많은 공격을 받기도 했는데, 그중 가장 심하게 공격하였던 사람은 크로네커 Leopold Kronecker 이다. 크로네커는 쿠머 Ernst Kummer 의 제자로서 정수론, 방정식 이론, 타원 함수 이론 등을 망라하는 엄청난 연구 성과를 인정받아 1861년 베를린 과학 아카데미 회원이 되었다. 은퇴한 쿠머의 뒤를 이어 베를린 대학교의 정규 교수가 되기도 하였다.

크로네커는 정수를 편애하였고, 수학의 대상을 구성하는 절차를 옹호하는 구성주의 입장이었다. 그는 "하나님이 정수를 만드셨고 나머지는 모두 인간의 작품이다"라고 주장했다. 그래서 유한한 과정을 통해서 달성될 수 없는 실수 구성은 단호히 거부했다.

크로네커는 자신과 생각이 다른 칸토어를 과민하고 변덕스럽다고 지속적으로 공격했는데, 결국 칸토어가 신경쇠약을 겪을 정도였다. "크로네커

미타그레플레르가 창간하여 칸토어의 논문을 게재했던 〈악타 마테마티카〉 표지 (1884)

가 '사탄'을 '칸토어'라고 표기했다면, 칸토어에게 크로네커는 '모든 수학적 악의 화신'을 의미했다"라는 말은 두 사람의 관계를 극명하게 보여준다.

칸토어를 인정한 수학자들도 있었다. 프랑스의 수학자 에르미트Charles Hermite가 칸토어를 지원하였으며, 스웨덴의 수학자 미타그레플레르Mittag-Leffler는 다른 데서 거절당한 칸토어의 논문을 자신이 창간한 잡지에 게재해 주었다. 그러나 미타그레플레르도 1885년, 칸토어 논문의 철학적 함의에 반감을 가지게 되어 두 사람의 관계도 중단되고 만다.

러셀은 칸토어의 연구를 "아마도 이 시대가 자랑할 수 있는 가장 위대한 작품"이라고 기술하였고, 힐베르트는 칸토어의 초한 산술을 "수학적 사고의 가장 놀라운 산물이자 가장 아름다운 깨달음 중 하나"라고 묘사했으며, "칸토어가 우리를 위해 창조한 낙원에서 누구도 우리를 쫓아낼 수 없다"라고 이야기했다.

| 정신병원에서 생을 마감하다

정신병에 시달리던 칸토어는 대학 강의에서 셰익스피어의 정체가 프랜시스 베이컨이었다는 설을 계속 늘어놓거나, 자신이 중상모략을 당하고 있다며 대학에 이상한 편지를 보내고는 했다. 그럼에도 대학은 칸토어가

교수직을 유지할 수 있도록 많은 도움을 주었다. 그래서 이러한 와중에도 칸토어는 대각선 논법을 발표하고 집합론을 정립하는 등 여러 업적을 이루어낼 수 있었다.

1917년, 칸토어는 결국 할레의 정신병원에 입원했다. 그는 아내에게 퇴원시켜줄 것을 요청하는 편지를 계속 보내다가, 이듬해 심장마비로 사망하였다. 할레 대학교에서 만든 기념비에는 "수학의 본질은 그것이 갖는 자유로움에 있다"라는 칸토어의 말이 쓰여 있다.

1 두 집합 A={1, 2, 3, 4}, B={2, 4, 6}가 있을 때, A와 B의 합집합(A∪B)과 교집합(A∩B)을 구하여라.

2 자연수의 집합과 0보다 큰 짝수의 집합 사이에서 일대일 대응을 만들어 보라.

풀이

1 A∪B={1, 2, 3, 4, 6}, A∩B={2, 4}

2 다음 그림처럼 자연수의 집합의 임의의 원소 n과 짝수의 집합의 원소 $2n$을 대응시키면 일대 일 대응이 된다.

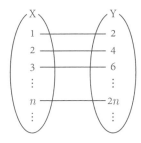

집합론을 창시하고 무한을 연구하다

칸토어의 '무한'과 관련하여 알려진 재미있는 이야기가 있다. 힐베르트가 1924년에 괴팅겐에서의 강연에서 이야기했고, 러시아 출신의 미국 천문학자 조지 가모프^{George} Gamow가 그의 책《1, 2, 3 그리고 무한^{one two three infinity}》에 기술한 내용으로 다음과 같다.

무한히 많은 방을 가진 호텔이 있는데, 모든 방이 가득 찼다. 그런데 새로운 손님이 왔다. 유한개의 방을 가진 호텔이었다면 더 이상 손님을 받을 수 없었을 텐데, 무한개의 방을 가진 호텔은 다음과 같은 방법으로 새로운 손님을 받을 수 있다. N1호실을 사용하던 손님을 N2호실로 옮기고, N2호실 손님은 N3호실로, N3호실 손님은 N4호실로, 이렇게 계속 옮기면 첫 번째 방이 비게 되어 새로운 손님을 받을 수 있다.

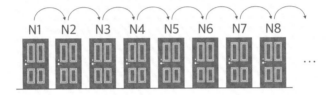

손님이 가득 찼는데 새로운 손님을 받을 수 있고, 무한히 많은 손님이 와도 그 손님들을 모두 받을 수 있는 호텔이다. 무한의 세계, 참 신기하지 않은가?

수와 논리로
세상을 풀다

앨런 튜링

Alan Mathison Turing

계산 기계를 만들어
컴퓨터 과학의 시대를 열다

1912~1954

01010101···

| 스스로 공부한 수학 영재

앨런 튜링은 1912년 영국 런던에서 태어났다. 튜링은 어려서부터 천재적인 재능을 드러냈다. 숫자를 어떻게 읽는지 배우기도 전에 수에 관심을 보였고, 학교에서 '주어진 수의 제곱근을 찾는 방법'을 배운 후에는 '세제곱근을 찾는 방법'을 스스로 추론해냈다. 16세가 된 튜링에게 그의 수학 선생님이 "더 이상 가르칠 것이 없으니 스스로 공부하라"고 할 만큼 튜링은 수학 영재였다.

프린스턴 대학교에서의 앨런 튜링
(1936)

튜링은 18세에 케임브리지 대학교에 입학해서 수학을 공부했고, 24세 때 〈계산 가능한 수에 대해, 수리 명제 자동생성 문제에 응용하면서〉 (1936)라는 제목의 논문을 발표했다. 논문의 제목을 보면 컴퓨터와 관련이 없어 보이지만, 튜링은 이 논문에서 '자동기계'와 '컴퓨팅 기계'를 설명했다. 즉, 이 논문이 '튜링 기계'와 '노이만형 컴퓨터'의 기초가 된 것이다.

계산 기계를 만들어 컴퓨터 과학의 시대를 열다

| 현대 컴퓨터의 시작점을 제공하다

당시에는 어떤 것이 '계산 가능한지' 혹은 '계산 불가능한지'에 대한 수학적인 정의가 없었다. 튜링은 1936년 발표한 논문에 컴퓨터 과학의 계산 이론을 완벽하게 써냈다. 그는 튜링 머신의 구조를 설명하고, 어떤 것이 계산 가능한지 아닌지를 판단할 수 있는 수학적 정의를 제공하였는데 이것이 현대 컴퓨터의 시작이 되었다.

다비트 힐베르트(1912)

20세기 초, 독일의 수학자 힐베르트가 정의와 공리를 입력하면 모든 수학적 명제를 도출해내는 만능 기계를 만들자고 제안한 적이 있다. 쉽게 말해, 우리가 알고 있는 수학적 명제와 정의들을 입력하면 자동으로 증명을 해주는 컴퓨터를 만들자는 것이다. 이는 결국 수학자를 대체할 인공지능을 개발하자는 말이었다.

튜링은 여러 반례를 들며 힐베르트 프로젝트가 불가능하다고 주장했다. 그리고 그 대신 모든 계산을 할 수 있는 보편적 만능 기계를 설계하는데, 그 기계가 바로 튜링 머신이다.

튜링 머신은 테이프와 헤드, 알파벳 집합, 명령 목록 등으로 구성되어 있다. 테이프와 헤드는 각

하버드 대학교의 마이크 데이비(Mike Davey)가 재구성한 튜링 머신 모델 ⓒRocky Acosta

각 현대 컴퓨터의 메모리와 CPU*에 해당한다. 또한, 튜링 머신도 현대 컴퓨터처럼 정보를 0과 1로 기록한다.

튜링이 실제로 튜링 머신을 만든 것은 아니다. 그는 튜링 머신의 설계와 동작 방식을 머릿속으로 그려보고 논문에 썼다. 비록 실물을 만든 것은 아니지만, 컴퓨터라는 개념이 없던 시대에 현재 컴퓨터의 구조와 거의 동일한 기계를 상상했다는 것은 정말 놀라운 일이다.

| 제2차 세계대전에서 암호를 해석하다

케임브리지 대학교를 졸업한 튜링은 프린스턴 대학교에서 공부하기 위해 미국으로 건너갔다. 튜링은 그곳에서 논리학자인 알론조 처치A.Church 와 함께 일했다. 처치는 훗날 컴퓨터 과학 이론의 초석을 세운다.

튜링은 노이만의 지도를 받으면서 1938년 박사 학위를 받고 영국으로 돌아왔다. 그리고 얼마 지나지 않아 제2차 세계대전이 발발하였고, 튜링은 영국 정부의 요청을 받아 독일군의 암호를 해독하는 일을 하게 되었다.

1930년부터 사용된 군용 모델 에니그마 I, 레오나르도 다 빈치 국립과학기술박물관

● Central Processing Unit, 중앙처리장치

계산 기계를 만들어 컴퓨터 과학의 시대를 열다

섬나라인 영국은 해전에 강했다. 독일
은 영국을 상대하기 위해 U보트라는 잠
수함을 이용했다. U보트는 바닷속에 숨
어 있다가 영국군의 배를 부쉈다. 이때
독일은 엔지니어인 아르투르 슈르비우
스Arthur Scherbius가 개발해낸 '에니그마
enigma'라는 암호 기계를 사용하여 군 기

봄브, 1945

밀을 주고받았다. 에니그마는 키보드를 누를 때마다 다른 알파벳으로 치
환하여 암호화하는 방식으로 동작하였으며, 그 경우의 수가 수천억 개가
될 정도로 많아서 해독하기 어려웠다. 게다가 독일군은 24시간마다 암호
체계를 바꾸기까지 했다.

튜링을 비롯한 암호학자들은 기계를 이용하여 암호를 해독하려고 시도
했다. 그렇게 만들어낸 기계가 바로 '봄브Bombe'이다. 봄브는 독일군의 에
니그마 암호 해독에 중요한 역할을 담당했다. 암호를 해독하여 알아낸 정
보들은 연합군의 전략에 큰 도움이 되었고, 전쟁이 조금 더 빨리 끝나는
계기가 되기도 하였다.

| 기계는 생각할 수 있는가?

튜링은 1950년 〈컴퓨팅 기계와 지능〉이라는 논문을 썼다. 이 논문은 "기
계는 생각할 수 있는가?"라는 질문으로부터 시작된다. 튜링은 '생각하는

영화 「이미테이션 게임」 대
한민국 개봉 포스터 ⓒ미디
어로그, 메가박스㈜플러스엠

기계'에 관한 다양한 생각을 썼다. 그는 이 논문에서 '이미테이션 게임The Imitation Game'이라는 표현을 사용했다. 앨런 튜링 이야기를 소재로 하는 영화 「이미테이션 게임」도 바로 이 논문에서부터 시작된 것이다.

튜링은 기계를 학습시키는 방법을 제안했다. 어린이에게 특정 행동을 잘하면 보상을 주고, 잘못하면 벌을 주는 방식을 기계에 적용하면 기계도 학습할 수 있다고 생각한 것이다.

튜링이 제안한 방법은 현대 기계학습의 학습 방법 중 하나인 '강화학습법'에 해당한다. 그가 이미 70년 전에 제안했던 학습법을 오늘날에 적용하고 있는 것이다. 튜링은 인공지능이 무한하게 발전할 것이라고 주장하며, 언젠가는 인공지능이 인간과 지적인 영역에서 경쟁하게 될 것이라고 이야기했다.

| 튜링 테스트

튜링은 기계가 인간과 동등한 지능을 갖추었는지를 평가하기 위해 튜링 테스트를 개발했다. 우선, 인간과 기계를 각각 다른 공간에 배치한다. 평가자는 한쪽에는 인간이 있고, 다른 쪽에는 기계가 있다는 사실을 알고 있지만 각각 어느 쪽에 있는지 알지 못하는 상태에서 질문을 한다. 평가자는 양쪽의 답변을 바탕으로 인간과 기계를 구분해야 한다. 만약 평가자가 이를 구분하지 못한다면, 기계가 인간처럼 생각하는 것이라고 볼 수 있다는 주장이다.

튜링 테스트는 인공지능의 연구와 자연어 처리 기술 발전에 큰 영향을 미쳤다. 하지만 인공지능에 대한 오해를 야기하고 윤리적 문제 등의 비판도 많이 받았다.

| 영국 지폐에서 볼 수 있는 튜링

튜링은 수학, 암호학, 생물학 등 많은 분야를 연구했다. 그는 제2차 세계대전이 끝난 후에도 암호 해독 활동을 계속했고 전자 컴퓨터 설계, 프로그래밍 시스템 설계에도 깊이 관여하여 '컴퓨터 과학의 아버지'라고 불리기도 한다.

튜링은 1954년에 영국 잉글랜드 체셔 주의 작은 마을 윔슬로의 자택에서 숨진 채 발견되었는데, 사망 원인은 확실하지 않다.

영국에서는 튜링의 탁월한 업적을 기려서 2021년 3월에 영국 50파운드 새 지폐의 주인공으로 튜링을 선정했다. 이 지폐는 2021년 6월부터 지금까지 유통되고 있다. 지폐 뒷면에는 튜링이 죽기 3년 전인

앨런 튜링이 그려진 영국의 50파운드 지폐
ⓒ잉글랜드 은행

1951년에 찍은 그의 초상과 서명, '튜링 기계'를 나타내는 수학 기호 등이 담겼다. 튜링의 오른쪽 어깨 옆에 물결 모양의 띠 안에는 0과 1로 이루어진 25자리 숫자 '1001000111100000111101111'이 등장하는데, 이는 튜링의 생일인 1912년 6월 23일을 이진법으로 나타낸 것이다.

| 컴퓨터 기능의 변화

튜링 이전에도 수학자와 과학자들은 복잡한 계산을 대신 해주는 도구를 개발하고자 노력하였다. 수를 세는 데 사용했던 돌멩이가 아마도 가장 원시적인 도구였을 것이다. 주판은 자릿값의 개념이 들어간 계산 도구였다. 1642년에는 파스칼이 세계 최초로 계산기를 만들어 냈고, 네이피어는 곱셈과 나눗셈을 쉽게 계산할 수 있도록 계산봉(네이피어 막대)을 만들기도 했다.

컴퓨터도 처음에는 계산을 빨리, 정확하게 해주는 도구에 불과했다. 컴퓨터를 이용하여 원주율을 계산한 것이 그 예시다. 비에트가 원주율 공식을 만들어 낸 후 그 공식을 이용하여 원주율 π나 오일러 상수 e를 보다 더 정확하게 계산하면서 동시에 컴퓨터의 계산 속도와 용량을 테스트하고 새로운 결과를 얻고자 한 것이다.

그러다가 수학의 정리를 증명하는 데도 컴퓨터가 이용되었다. 대표적인 것이 '4색 정리'이다. 1852년 영국의 수학자 프랜시스 쿠트리에Francis Guthrie 가 영국 지도를 색칠하다 "지도의 인접한 국가들을 겹치지 않고 표시하는

계산 기계를 만들어 컴퓨터 과학의 시대를 열다

데 4가지 색이면 된다"라는 생각을 하게 되었는데, 이를 증명하는 일이 쉽지 않았다. 그러나 1976년, 비로소 컴퓨터를 이용하여 4색 정리를 증명하게 되었다.

오늘날 컴퓨터는 빠르고 정확하게 계산하는 것을 넘어서 '생각'할 수 있게 되었다. 그리고 이러한 인공지능은 튜링이 이미 1936년에 생각해 내었던 것이다.

1 암호화의 기본은 치환이다. 해독표를 참고하여 아래의 암호를 해석해 보자.

해독표

암호	a	o	i	s	w	p	d	r	c	u
해독	x	z	b	m	t	d	p	q	a	e

dxmmtzqp = _____

2 이진법은 두 개의 숫자 0과 1만을 이용하는 수 체계이다. 지금 우리가 일반적으로 사용하는 십진법에서는 1+1이 2이다. 그러나 이진법에서는 2를 사용하지 않기 때문에 자릿수가 하나 올라간다. 즉, 이진법은 아래와 같이 쓴다.

0+0=0

0+1=1

1+1=10

1+1+1=11

...

십진법에서 1+1+1=3인데, 이진법에서는 11이라고 쓴다. 즉, 2의 자리에 1을 쓰고 1의 자리에 1을 써서 총 3이 되는 것이다. ($1 \times 2 + 1 = 3$)

이진법으로 101은 $1 \times 2^2 + 1 = 4 + 1 = 5$이다.

50파운드 지폐에는 1001000111100000011110111 이라는 이진법이 쓰여 있다. 이 숫자는 앨런 튜링이 태어난 날짜라고도 했다. 앨런 튜링은 언제 태어났을까?

힌트 1010000111년 1000000111월 10111일

───────
풀이
───────

1 password

2 1912년 6월 23일

계산기 학회ACM에서는 튜링의 공로를 기리기 위하여 1966년부터 매년 컴퓨터 과학에 업적을 남긴 사람들에게 주는 '튜링상'을 제정하였다. 오늘날 튜링상은 컴퓨터 과학 분야의 노벨상이라고도 불린다.

또한 1990년부터 2019년까지는 인공지능이 얼마나 인간과 비슷하게 대화할 수 있는지 평가하고 수상하는 '뢰브너 상'도 있었다. 평가 방식은 튜링 테스트와 매우 비슷했다. 연구자들은 대형 언어 모델LLM을 바탕으로 하는 ChatGPT와 같은 대화형 인공지능들은 전통적인 튜링 테스트를 모두 통과할 것이라는 데 동의한다.

- 강문봉 (2019),《수학이 보인다 history》, 경문사.
- 김종명 역 (2019),《한 권으로 이해하는 수학의 세계》, 북스힐.
- 허민 (2008),《수학자의 뒷모습 1》, 경문사.
- 허민 (2008),《수학자의 뒷모습 2》, 경문사.
- 허민 (2008),《수학자의 뒷모습 3》, 경문사.

- Allman, G. J. (1889). Greek geometry from Thales to Euclid.
- Bell, E. T. (1945). The development of mathematics. McGraw-Hill.
- Boyer, C. B. (2011). A history of mathematics 3rd ed.. John Wiley & Sons, Inc.
- Burton, David M. (2011). The history of mathematics: An Introduction, 7th ed.. McGraw-Hill.
- Cajori, F. (1917). A history of elementary mathematics with hints on methods of teaching. The Macmillan Company.
- Cajori, F. (1993). A history of mathematical notations 2 vols. Dover Publications.
- Eves, Howard (1969). An introduction to the history of mathematics. Holt, Rinehart and Winston. Inc.
- Gamow, George (1962). One two three … Infinity. The Viking Press.
- Kline, M. (1990). Mathematical thought from ancient to modern times V.1. Oxford University Press.
- Kline, M. (1990). Mathematical thought from ancient to modern times V.2. Oxford University Press.

수와 논리로 세상을 풀다

- Kline, M. (1990). Mathematical thought from ancient to modern times V.3. Oxford University Press.
- NCTM (1989). Historical topics for the mathematics classroom. NCTM.
- Newman, J. R. (1956). The world of mathematics V.1. George Allen and Unwin Ltd.
- Newman, J. R. (1956). The world of mathematics V.3. George Allen and Unwin Ltd.
- Newman, J. R. (1956). The world of mathematics V.4. Simon and Schuster.
- Pappas, T. (1997). Mathematical scandals. Wide World Publishing/Tetra.
- Rosen, F. (1831). The algebra of Mohammed Ben Musa. London: Oriental Translation Fund.
- Smith, D. Eugene (1958). History of mathematics V.1. Dover Publications.
- Smith, D. Eugene (1958). History of mathematics V.2. Dover Publications.
- Witmer, T. R. (1968). The great art or the rules of algebra. The M.I.T. Press.

· 색인 ·

3차 방정식 90

ㄱ
계수 55
공리 144
공준 144
과잉수 27
구거법 68
근 64
근의 공식 66
기수법 54

ㄴ
논증기하 12

ㄷ
닮음 14
대변 117
대수학 56
도형수 27
동류항 63

ㄹ
로그 121
루트 64

ㅁ
마테마티코이 25
메나에크모스 40
메르센 수 120
무리수 32
무한 150

ㅂ
봄브 163
부정방정식 55
부족수 27
비유클리드 기하학 137

ㅅ
사각수 28
산반의 책 75
삼각수 28
삼조 32
서로소 80
수론 33
쌍곡선 43

ㅇ
아폴로니우스의 원 43
에니그마 162
오각수 28
오일러 공식 121

오일러 직선 121
오일러 항등식 122
완전수 26
우애수 27
원론 144
원뿔곡선 43
원주각 13
원주율 104
위상수학 139
위치적 기수법 54
유클리드 기하학 136
이오니아 학파 10
이진법 168
이항 63
인수분해 89
일대일 대응 149
일식 12

ㅈ
작도 39
절대 기수법 55
좌표축 42
증명 12
지수 121
지혜의 집 63
집합 148

수와 논리로 세상을 풀다

ㅊ

초한 서수 152
초한수 148

ㅌ

타원 43
탈레스의 정리 13
튜링 머신 161

ㅍ

포물선 43
피보나치 수열 78
피타고라스 음계 29
피타고라스 학파 25
피타고라스의 정리 31

ㅎ

한붓그리기 124
합동 14
해석기하학 103
허수 92
헤론의 공식 117
화성학 29
확률 94
황금나선 81
황금분할비 80

수와 논리로 세상을 풀다

위대한 수학자 12인의 이야기

초판 1쇄 발행 2024년 12월 12일

지은이	강문봉 · 김정하
펴낸이	박유상
펴낸곳	빈빈책방(주)
편집	배혜진 · 정민주
디자인	기민주

등록	제2021-000186호
주소	경기도 고양시 덕양구 중앙로 439 서정프라자 401호
전화	031-8073-9773
팩스	031-8073-9774
이메일	binbinbooks@daum.net
페이스북	/binbinbooks
네이버 블로그	/binbinbooks
인스타그램	@binbinbooks

ISBN 979-11-90105-93-4 (43410)